少年中国说

启迪心智 激扬思想

梁启超 著

中国言实出版社

图书在版编目（CIP）数据

少年中国说／梁启超著．—北京：中国言实出版社，2014.9

ISBN 978-7-5171-0745-3

Ⅰ．①少… Ⅱ．①梁… Ⅲ．①梁启超（1873～1929）－文集 Ⅳ．①B259.1-53

中国版本图书馆 CIP 数据核字（2014）第 191150 号

责任编辑：郭江妮

出版发行 中国言实出版社

地　址：北京市朝阳区北苑路 180 号加利大厦 5 号楼 105 室

邮　编：100101

编辑部：北京市海淀区北太平庄路甲 1 号

邮　编：100088

电　话：64924853（总编室）　64924716（发行部）

网　址：www.zgyscbs.cn

E-mail：zgyscbs@263.net

经　　销 新华书店

印　　刷 北京毅峰迅捷印刷有限公司

版　　次 2017 年 1 月第 1 版　2024 年 1 月第 2 次印刷

规　　格 880 毫米×1230 毫米　1/32　8.5 印张

字　　数 151 千字

定　　价 46.00 元　ISBN 978-7-5171-0745-3

写在前面

梁启超先生是近代中国的思想启蒙者，他的一生横跨政治与学术两个领域，且都留下了光彩夺目的伟大成就。他的一支健笔，不仅承载着高远深刻的思想，而且常带充沛的感情，纵笔所至从不拘束，所成文章议论纵横、气势磅礴，极富鼓动性和感染力，曾经影响激励了几代中国人。

文章可以见出一个人的思想和人格。有人说梁启超“善变”，甚至于变得前后自相矛盾。可是，他的那种变所体现的正是思想上的与时俱进。时代在变，思想和行为也要变；不变的却是爱国之心与救国之志，可以说，这贯穿了先生的一生。梁启超先生之于近代中国，是辛亥革命的“精神之父”（埃德加·斯诺语），是“珍贵的灵魂”（伊藤博文语）。直到今天，我们还不应忘记，我们也没有忘记他，试问当代人，有谁不知道《少年中国说》。

当然，除了一篇《少年中国说》，先生还有诸多大作存世，本次再版，立意即在让年轻一代享受一代宗师的文化成果，学习其治学方法，感知其智慧才情，同时也濡染其爱国精神与人生趣味主义！

目　录

少年中国说

（1900年2月10日）

日本人之称我中国也，一则曰老大帝国，再则曰老大帝国。是语也，盖袭译欧西人之言也。呜呼！我中国其果老大矣乎？梁启超曰：恶，是何言！是何言！吾心目中有一少年中国在！

欲言国之老少，请先言人之老少。老年人常思既往，少年人常思将来。惟思既往也，故生留恋心；惟思将来也，故生希望心。惟留恋也，故保守；惟希望也，故进取。惟保守也，故永旧；惟进取也，故日新。惟思既往也，事事皆其所已经者，故惟知照例；惟思将来也，事事皆其所未经者，故常敢破格。老年人常多忧虑，少年人常好行乐。惟多忧也，故灰心；惟行乐也，故盛气。惟灰心也，故怯懦；惟盛气也，故豪壮。惟怯懦也，故苟且；惟豪壮也，故冒险。惟苟且也，故能灭世界；惟冒险也，故能造世界。老年人常厌事，少年人常喜事。惟厌事也，故常觉一切事无可为者；惟好事也，故常觉一切事无不可为者。老年人如夕照，少年人如朝阳；老年人如瘠牛，少年人如乳虎；老年人如僧，少年人如侠；老年人如字典，少年人如戏文；老年人如鸦片烟，少年人如泼兰地酒；老年人如别行星之陨石，少年人如大洋海之珊瑚岛；老年人如埃及沙漠之金字塔，少年人如西伯利亚之铁路；老年人如秋后之柳，少年人如春前之草；老年人如死海之潴为泽，少年人如长江之初发源。此老年与少年性格不同之大略也。梁启超曰：人固有之，国亦宜然。

梁启超曰：伤哉老大也。浔阳江头琵琶妇，当明月绕船，枫叶瑟瑟，衾寒于铁，似梦非梦之时，追想洛阳尘中春花秋月之佳趣。西宫南内，白发宫娥，一灯如穗，三五对坐，谈开元、天宝间遗事，谱《霓裳羽衣曲》。青门种瓜人，左对孺人，顾弄孺子，忆侯门似海、珠履杂沓之盛事。拿破仑之流于厄蔑，阿剌飞之幽于锡兰，与三两监守吏或过访之好事者，道当年短刀匹马，驰骋中原，席卷欧洲，血战海楼，一声叱咤，万国震恐之丰功伟烈，初而拍案，继而抚髀，终而揽镜。呜呼，面皴齿尽，白头盈把，颓然老矣！若是者，舍幽郁之外无心事，舍悲惨之外无天地，舍颓唐之外无日月，舍叹息之外无音声，舍待死之外无事业。美人豪杰且然，而况于寻常碌碌者耶！生平亲友，皆在墟墓，起居饮食，待命于人，今日且过，遑知他日，今年且过，遑恤明年。普天下灰心短气之事，未有甚于老大者。于此人也，而欲望以拏云之手段，回天之事功，挟山超海之意气，能乎不能？

呜呼，我中国其果老大矣乎？立乎今日，以指畴昔，唐虞三代，若何之郅治；秦皇汉武，若何之雄杰；汉唐来之文学，若何之隆盛：康乾间之武功，若何之烜赫！历史家所铺叙，词章家所讴歌，何一非我国民少年时代良辰美景、赏心乐事之陈迹哉！而今颓然老矣，昨日割五城，明日割十城：处处雀鼠尽，夜夜鸡犬惊；十八省之土地财产，已为人怀中之肉；四百兆之父兄子弟，已为人注籍之奴。岂所谓"老大嫁作商人妇"者耶？呜呼！凭君莫话当年事，憔悴韶光不忍看。楚囚相对，岌岌顾影，人命危浅，朝不虑夕。国为待死之国，一国之民为待死之民，万事付之奈何，一切凭人作弄，亦何足怪！

梁启超曰：我中国其果老大矣乎？是今日全地球之一大问题也。如其老大也，则是中国为过去之国，即地球上昔本有此国，而今渐澌灭，他日之命运殆将尽也。如其非老大也，则是中国为未来之国，即地球上昔未现此国，而今渐发达，他日之前程且方长也。欲断今日之中国为老大耶，为少年耶？则不可不先明"国"字之意义。夫国也者，何物也？有土地，有人民，以居于其土地之人民，而治其所居之土地之事，自制法律而自守之；有主权，有服从，人人皆主权者，人人皆服从者。夫如是，斯谓之完全成立之国。地球上之有完全成立之国也，自百年以来也。完全成立者，壮年之事也；未能完全成立而渐进于完全成立者，少年之事也。故吾得一言以断之曰：欧洲列邦在今日为壮年国，而我中国在今日为少年国。

夫古昔之中国者，虽有国之名，而未成国之形也。或为家族之国，或为酋长之国，或为诸侯封建之国，或为一王专制之国。虽种类不一，要之其于国家之体质也，有其一部而缺其一部，正如婴儿自胚胎以迄成童，其身体之一二官支，先行长成，此外则全体虽粗具，然未能得其用也。故唐虞以前为胚胎时代，殷周之际为乳哺时代，由孔子而来至于今为童子时代，逐渐发达，而今乃始将入成童以上少年之界焉。其长成所以若是之迟者，则历代之民贼有窒其生机者也。譬犹童年多病，转类老态，或且疑其死期之将至焉，而不知皆由未完全、未成立也，非过去之谓，而未来之谓也。

且我中国畴昔，岂尝有国家哉？不过有朝廷耳。我黄帝子孙，聚族而居，立于此地球之上者既数千年，而问其国之为何名，则无有也。夫所谓唐、虞、夏、商、周、秦、汉、魏、晋、宋、齐、梁、陈、隋、唐、宋、元、明、清者，则皆朝名耳。朝也者，一家之私产也；国也者，人民之公产也。朝有朝之老少，国有国之老少，朝与国既异物，则不能以朝之老少而指为国之老少明矣。文、武、成、康，周朝之少年时代也，幽、厉、桓、赧，则其老年时代也；高、文、景、武，汉朝之少年时代也，元、平、桓、灵，则其老年时代也。自余历朝，莫不有之。凡此者，谓为一朝廷之老也则可，谓为一国之老也则不可。一朝廷之老且死，犹一人之老且死也，于吾所谓中国者何与焉？然则吾中国者，前此尚未出现于世界，而今乃始萌芽云尔。天地大矣，前途辽矣，美哉，我少年中国乎！

玛志尼者，意大利三杰之魁也，以国事被罪，逃窜异邦，乃创立一会，名曰“少年意大利”。举国志士，云涌雾集以应之，卒乃光复旧物，使意大利为欧洲之一雄邦。夫意大利者，欧洲第一之老大国也，自罗马亡后，土地隶于教皇，政权归于奥国，殆所谓老而濒于死者矣。而得一玛志尼，且能举全国而少年之，况我中国之实为少年时代者耶？堂堂四百余州之国土，凛凛四百余兆之国民，岂遂无一玛志尼其人者！

龚自珍氏之集有诗一章，题曰《能令公少年行》。吾尝爱读之，而有味乎其用意之所存。我国民而自谓其国之老大也，斯果老大矣；我国民而自知其国之少年也，斯乃少年矣。西谚有之曰：“有三岁之翁，有百岁之童。”然则国之老少，又无定形，而实随国民之心力以为消长者也。吾见乎玛志尼之能令国少年也，吾又见乎我国之官吏士民能令国老大也，吾为此惧。夫以如此壮丽浓郁、翩翩绝世之少年中国，而使欧西、日本人谓我为老大者何也？则以握国权者皆老朽之人也。非哦几十年八股，非写几十年白折，非当几十年差，非捱几十年俸，非递几十年手本，非唱几十年诺，非磕几十年头，非请几十年安，则必不能得一官，进一职。其内任卿贰以上、外任监司以上者，百人之中，其五官不备者，殆九十六七人也，非眼盲，则耳聋，非手颤，则足跛，否则半身不遂也。彼其一身饮食、步履、视听、言语，尚且不能自了，须三四人在左右扶之捉之，乃能度日，于此而乃欲责之以国事，是何异立无数木偶而使之治天下也。且彼辈者，自其少壮之时，既已不知亚细、欧罗为何处地方，汉祖、唐宗是那朝皇帝，犹嫌其顽钝腐败之未臻其极，又必搓磨之、陶冶之，待其脑髓已涸，血管已塞，气息奄奄，与鬼为邻之时，然后将我二万里山河，四万万人命，一举而畀于其手。呜呼！老大帝国，诚哉其老大也！而彼辈者，积其数十年之八股、白折、当差、捱俸、手本、唱诺、磕头、请安，千辛万苦，千苦万辛，乃始得此红顶花翎之服色，中堂大人之名号，乃出其全副精神，竭其毕生力量，以保持之。如彼乞儿，拾金一锭，虽轰雷盘旋其顶上，而两手犹紧抱其荷包，他事非所顾也，非所知也，非所闻也。于此而告之以亡国也，瓜分也，彼乌从而听之？乌从而信之？即使果亡矣，果分矣，而吾今年既七十矣八十矣，但求其一两年内，洋人不来，强盗不起，我已快活过了一世矣。若不得已，则割三头两省之土地奉申贺敬，以换我几个衙门；卖三几百万之人民作仆为奴，以赎我一条老命，有何不可？有何难办？呜呼，今之所谓老后、老臣、老将、老吏者，其修身、齐家、治国、平天下之手段，皆具于是矣。西风一夜催人老，凋尽朱颜白尽头。使走无常当医生，携催命符以祝寿。嗟乎痛哉！以此为国，是安得不老且死，且吾恐其未及岁而殇也。

梁启超曰：造成今日之老大中国者，则中国老朽之冤业也；制出将来之少年中国者，则中国少年之责任也。彼老朽者何足道，彼与此世界作别之日不远矣，而我少年乃新来而与世界为缘。如僦屋者然，彼明日将迁居他方，而我今日始入此室处，将迁居者，不爱护其窗栊，不洁治其庭庑，俗人恒情，亦何足怪。若我少年者前程浩浩，后顾茫茫，中国而为牛、为马、为奴、为隶，则烹脔鞭棰之惨酷，惟我少年当之；中国如称霸宇内、主盟地球，则指挥顾盼之尊荣，惟我少年享之。于彼气息奄奄、与鬼为邻者何与焉？彼而漠然置之，犹可言也；我而漠然置之，不可言也。使举国之少年而果为少年也，则吾中国为未来之国，其进步未可量也；使举国之少年而亦为老大也，则吾中国为过去之国，其澌亡可翘足而待也。故今日之责任，不在他人，而全在我少年。少年智则国智，少年富则国富，少年强则国强，少年独立则国独立，少年自由则国自由，少年进步则国进步，少年胜于欧洲则国胜于欧洲，少年雄于地球则国雄于地球。红日初升，其道大光；河出伏流，一泻汪洋；潜龙腾渊，鳞爪飞扬；乳虎啸谷，百兽震惶；鹰隼试翼，风尘吸张；奇花初胎，矞矞皇皇；干将发硎，有作其芒；天戴其苍，地履其黄；纵有千古，横有八荒；前途似海，来日方长。美哉，我少年中国，与天不老！壮哉，我中国少年，与国无疆！

> “三十功名尘与土，八千里路云和月。莫等闲，白了少年头，空悲切！”此岳武穆《满江红》词句也，作者自六岁时即口受记忆，至今喜诵之不衰。自今以往，弃“哀时客”之名，更自名曰“少年中国之少年”。
>
> 作者附识

中国积弱溯源论（节录）

（1901年5月28日）

第三节　积弱之源于政术者

然则当局者遂无罪乎？曰：恶，是何言欤！是何言欤！纵成今日之官吏者，则今日之国民是也；造成今日之国民者，则昔日之政术是也。数千年民贼，既以国家为彼一姓之私产，于是凡百经营，凡百措置，皆为保护己之私产而设，此实中国数千年来政术之总根源也！保护私产之术将奈何？彼私产者，固由紾国民之臂，而夺得其公产以为己物者也，故其所最患者，在原主人一旦起而复还之。原主人者谁？即国民是也！国民如何然后能复还其公产？必有气焉而后可，必有智焉而后可，必有力焉而后可，必有群焉而后可，必有动焉而后可。但使能挫其气，窒其智，消其力，散其群，制其动，则原主人永远不能复起，而私产乃如磐石苞桑而无所患。彼民贼其知之矣，故其所施政术，无一不以此五者为鹄，千条万绪而不紊其领，百变亿化而不离其宗。多历一年，则其网愈密，多更一事，则其术愈工。故夫今日之政术，不知经几百千万枭雄险鸷、敏练桀黠之民贼，所运算布画、斟酌损益，而今乃集其大成者也。吾尝遍读二十四朝之政史，遍历现今之政界，于参伍错综之中，而考得其要领之所在。盖其治理之成绩有三：曰愚其民，柔其民，涣其民，是也。而所以能收此成绩者，其持术有四：曰驯之之术，曰餂之之术，曰役之之术，曰监之之术，是也。

所谓驯之之术者何也？天生人而使之有求智之性也，有独立之性也，有合群之性也，是民贼所最不利者也。故必先使人失其本性，而后能就我范围。不见夫花匠乎？以松柏之健劲，而能蟠屈缭纠之，使如盘、如梯、如牖、如立人、如卧兽、如蟠蛇者，何也？自其勾萌茎达之时而戕贼之也。不见夫戏兽者乎？以马之骏，以猴之黠，以狮之戾，以象之钝，而能使趋跄率舞于一庭，应弦合节，戢戢如法者，何也？自乳哺幼稚之日而驯伏之也。历代政治家所以驯其民者，有类于是矣。法国大儒孟德斯鸠曰：“凡半开专制君主之国，其教育之目的，惟在使人服从而已。”日本大儒福泽谕吉曰：

“支那旧教，莫重于礼乐。礼也者，使人柔顺屈从者也；乐也者，所以调和民间勃郁不平之气，使之恭顺于民贼之下者也。”夫以此科罪于礼乐，吾虽不敢谓然，而要之中国数千年来，所以教民者，其宗旨不外乎此，则断断然矣。秦皇之焚书坑儒以愚黔首也，秦皇之拙计也。以焚坑为焚坑，何如以不焚坑为焚坑。宋艺祖开馆辑书，而曰：“天下英雄，在吾彀中。”明太祖定制艺取士，而曰：“天下莫予毒。”本朝雍正间，有上谕禁满人学八股，而曰：“此等学问，不过笼制汉人。”其手段方法，皆远出于秦皇之上，盖术之既久而日精也。试观今日所以为教育之道者何如？非舍八股之外无他物乎！八股犹以为未足，而又设为割裂截搭、连上犯下之禁，使人入于其中，销磨数十年之精神，犹未能尽其伎俩，而遑及他事。犹以为未足，禁其用后世事、后世语，务驱此数百万侁侁衿缨之士，使束书不观，胸无一字，并中国往事且不识，更奚论外国？并日用应酬且不解，更奚论经世？犹以为未足，更助之以试帖，使之习为歌匠；重之以楷法，使之学为钞胥。犹以为未足，恐夫聪明俊伟之士，仅以八股、试帖、楷法不足尽其脑筋之用，而横溢于他途也，于是提倡所谓考据、词章、金石、校勘之学者，以涵盖笼罩之，使上下四方，皆入吾网。犹以为未足，有伪托道学者出，缘饰经传中一二语，曰“惟辟作福，惟辟作威”；曰“天下有道，则庶人不议”；曰“位卑而言高，罪也”；曰“生斯世也，为斯世也，善斯可矣”；曰“既明且哲，以保其身”。盖圣经贤传中有千言万语，可以开民智、长民气、厚民力者，彼一概抹煞而不征引，惟摭拾一二语足以便己之私图者，从而推波助澜，变本加厉，谬种流传，成为义理。故愤时忧国者则斥为多事，合群讲学者则目为朋党，以一物不知者为谨悫，以全无心肝者为善良。此等见地，深入人心，遂使举国皆盲瞽之态，尽人皆妾妇之容。夫奴性也，愚昧也，为我也，好伪也，怯懦也，无动也，皆天下最可耻之事也。今不惟不耻之而已，遇有一不具奴性、不甘愚昧、不专为我、不甚好伪、不安怯懦、不乐无动者，则举国之人，视之为怪物，视之为大逆不道。是非易位，憎尚反常，人之失其本性，乃至若是。吾观于此，而叹彼数千年民贼之所以驯伏吾民者，其用心至苦，其方法至密，其手段至辣也。如妇女之缠足者然，自幼而缠之，历数十年，及其长也，虽释放之，而亦不能良于行矣，盖足之本性已失也。曾国藩曰：“今日之中国，遂成一不痛不痒之世界。”嗟乎，谁为为之？而令我国民一至于此极也！

所谓餂之之术者何也？孟德斯鸠曰：“专制政体之国，其所以持之经久而不坏裂者，有一术焉。盖有一种矫伪之气习，深入于臣僚之心，即以爵赏自荣之念是也。彼专制之国，其臣僚皆怀此一念，于是各竞于其职，孜孜莫敢怠，以官阶之高下、禄俸之多寡，互相夸耀，往往望贵人之一颦一笑，如天帝、如鬼神然。”此语也，盖道尽中国数千年所以餂民之具矣。彼其所以驯吾民者，既已能使之如妾妇、如禽兽矣，夫待妾妇、禽兽之术，则何难之有？今夫畜犬见其主人，摇头摆尾，前趋后蹑者，为求食也；今夫游妓遇其所欢，涂脂抹粉，目挑心招者，为缠头也。故苟持一脔之肉以餂畜犬，则任使之如何跳掷，如何回旋，无不如意也；缠千金于腰以餂游妓，则任使之如何献媚，如何送情，无不如意也。民贼之餂吾民，亦若是已耳。齐桓公好紫，一国服紫；汉高祖恶儒，诸臣无敢儒冠。曹操号令于国中曰：“有从我游者，吾能富而贵之。”盖彼踞要津、握重权之人，出其小小手段，已足令全国之人，载颠载倒，如狂如醉，争先恐后，奔走而趋就之矣。而其趋之最巧、得之最捷者，必一国中聪明最高、才力最强之人也。既已餂得此最有聪明才力者，皆入于其彀中，则下此之猥猥碌碌者，更何有焉？直鞭棰之、圈笠之而已。彼蚁之在于垤也，自吾人视之，觉其至微贱、至幺么而可怜也，而其中有大者王焉，有小者侯焉，群蚁营营逐逐以企仰此无量之光荣，莫肯让也，莫或息也。彼越南之沦于法也，一切政权、土地权、财权，皆握于他人之手，本国人无一得与闻。自吾人视之，觉其局天蹐地，无生人之趣也，而不知越南固仍有其所谓官职焉，仍有其所谓科第焉，每三年开科取士，其状元之荣耀，无以异于昔时，越人之企望而争趋之者，至今犹若骛焉。当顺治、康熙间，天下思明，反侧不安，圣祖仁皇帝，一开博学鸿词科，再设明史馆，搜罗遗佚，征辟入都，位之以一清秩、一空名，而天下帖帖然、戢戢然矣。盖所以餂民者得其道也。此术也，前此地球各专制之国，莫不用之，而其最娴熟精巧而著有成效者，则中国为最矣！

所谓役之之术者何也？彼民贼既攘国家为己一家之私产矣，然国家之大，非一家子弟数人，可以督治而钤辖之也，不得不求助我者，于是官吏立焉。文明国之设官吏，所以为国民理其公产也，故官吏皆受职于民；专制国之设官吏，所以为一姓保其私产也，故官吏皆受职于君。此源头一殊，而末流千差万别，皆从此生焉。故专制国之职官，不必问其贤否、才不才，而惟以安静、谨慎、愿朴，能遵守旧规、服从命令者为贵。中国之任官也，首狭其登进之途，使贤才者无自表见；又高悬一至荣耀、至清贵之格，以奖励夫至无用之学问，使举国无贤无愚，皆不得不俯首以就此途，以消磨其聪明才力。消磨略尽，然后用之，用之又非器其才也，限之以年，绳之以格，资格既老，虽盲暗亦能跻极品；年俸未足，虽隽才亦必屈下僚，何也？非经数十年之磨砻陶冶，恐其英气未尽去，而服从之性质未尽坚也；恐一英才得志，而无数英才慕而学之；英才多出，而旧法将不能束缚之也。故昔者明之太祖，本朝之高宗，其操纵群臣之法，有奇妙不可思议者，直如玩婴儿于股掌，戏猴犬于剧场，使立其朝者，不复知廉耻为何物、道义为何物、权利为何物、责任为何物，而惟屏息蹐伏于一王之下。夫既无国事民事之可办，则任豪杰以为官吏，与任木偶为官吏等耳，而驾驭豪杰，总不如驾驭木偶之易易。彼历代民贼筹之熟矣，故中国之用官吏，一如西人之用机器，有呆板之位置，有一定之行动，满盘机器，其事件不下千百万，以一人转捩之而绰绰然矣。全国官吏，其人数不下千百万，以一人驾驭之，而戢戢然矣。而其所以能如此者，则由役之得其术也。夫机器者，无脑、无骨、无血、无气之死物也，今举国之官吏，皆变成无脑、无骨、无血、无气之死物也，所以为驾驭计者则得矣，顾何以能立于今日文明竞进之世界乎？

所谓监之之术者何也？夫既得驯之、餂之、役之之术，则举国臣民入其彀者，十而八九矣。虽然，一国之大，安保无一二非常豪杰，不甘为奴隶、为妾妇、为机器者？又安保无一二不逞之徒，蹈其瑕隙，而学陈涉之辍耕陇畔，效石勒之倚啸东门者？是不可以不监。是故有官焉，有兵焉，有法律焉，皆监民之具也；取于民之租税，所以充监民之经费也；设科第，开仕途，则于民中选出若干人而使之自监其俦也。故他国之兵，所以敌外侮，而中国之兵，所以敌其民。昔有某西人语某亲王曰：“贵国之兵太劣，不足与列强驰骋于疆场，盍整顿之？某亲王曰：“吾国之兵，用以防家贼而已。”呜呼！此三字者，盖将数千年民贼之肺肝，和盘托出者也！

夫既以国民为家贼，则防之之道，固不得不密。伪尊六艺，屏黜百家，所以监民之心思，使不敢研究公理也；厉禁立会，相戒讲学，所以监民之结集，使不得联通声气也；仇视报馆，兴文字狱，所以监民之耳目，使不得闻见异物也；罪人则孥，邻保连坐，所以监民之举动，使不得独立无惧也。故今日文明诸国所最尊最重者，如思想之自由、信教之自由、集会之自由、言论之自由、著述之自由、行动之自由，皆一一严监而紧缚之。监之缚之之既久，贤智无所容其发愤，桀黠无所容其跳梁，则惟有灰心短气，随波逐流，仍入于奴隶、妾妇、机器之队中，或且捷足争利，摇尾乞怜，以苟取富贵，雄长侪辈而已。故夫国民非生而具此恶质也，亦非人人皆顽钝无耻也。其有不能驯者，则从而銛之；其有不受役者，则从而监之，举国之人，安有能免也？今日中国国民腐败至于斯极，皆此之由。

观于此，而中国积弱之大源，从可知矣。其成就之者在国民，而孕育之者仍在政府。彼民贼之呕尽心血，遍布罗网，岂不以为算无遗策，天下人莫余毒乎？顾吾又尝闻孟德斯鸠之言矣：“专制政体，以使民畏惧为宗旨。虽美其名曰辑和万民，实则斫丧元气，必至举其所以立国之大本而尽失之。昔有路衣沙奴之野蛮，见果实累累缀树上，攀折不获，则以斧斫树而捋取之。专制政治，殆类是也。然民受治于专制之下者，动辄曰，但使国祚尚有三数十年，则吾犹可以偷生度日，及吾已死，则大乱虽作，吾又何患焉？然则专制国民之苟且偷靡，不虑其后，亦与彼野蛮之斫树无异矣。故专制之国所谓辑和者，其中常隐然含有扰乱之种子焉。”呜呼！孟氏此言，不啻专为我中国而发也。夫历代民贼之用此术以驯民、餂民、役民、监民，数千年以迄今矣！其术之精巧完备如此，宜其永保私产、子孙、帝王万世之业。顾何以刘兴项仆，甲攘乙夺，数千年来，莽然而不一姓也？孟子曰：“天下之生久矣，一治一乱。”以吾观之，则数千年之所谓治者，岂真治哉？特偶乘人心厌乱之既极，又加以杀人过半，户口顿减，谋食较易，相与帖然苟安而已！实则其中所含扰乱之种子，正多且剧也。夫国也者，积民而成，未有以民为奴隶、为妾妇、为机器、为盗贼而可以成国者。中国积弱之故，盖导源于数千年以前，日积月累，愈久愈深，而至今承其极敝而已。顾其极敝之象，所以至今日而始大显者，何也？昔者为一统独治之国，内患虽多，外忧非剧，故扰乱之种子，常得而弥缝之，纵有一姓之兴亡，无关全种之荣瘁。今也不然，全地球人种之竞争，愈转愈剧。万马之足，万锋之刃，相率而向我支那，虽合无量数聪明才智之士以应对之，犹恐不得当，乃群无脑、无骨、无血、无气之俦，偃然高坐，酣然长睡于此世界之中，其将如何而可也？彼昔时之民贼，初不料其有今日之时局也，故务以驯民、餂民、役民、监民为独一无二之秘传，譬犹居家设麏者，虑其子弟伙伴之盗其物也，于是一一梏桎之，拘挛之，或闭之于暗室焉。夫如是，则吾固信其无能为盗者矣，其如家务廛务之废驰何？废驰犹可救也，一旦有外盗焉，哄然坏其门，入其堂，括其货物，迁其重器，彼时为子弟伙伴者，虽欲救之，其奈桎梏拘挛而不能行，暗室仍闭而莫为启，则惟有瞠目结舌，听外盗之入此室处，或划然长啸以去而已。今日我中国之情形，有类于是。彼有司牧国民之责者，其知之否耶？抑我国民其知之否耶？

十种德性相反相成义

（1901 年 6 月 16 日、7 月 6 日）

《中庸》曰："万物并育而不相害，道并行而不相悖。"大哉言乎！野蛮时代所谓道德者，其旨趣甚简单而常不相容；文明时代所谓道德者，其性质甚繁杂而各呈其用。而吾人所最当研究而受用者，则凡百之道德，皆有一种妙相，即自形质上观之，划然立于反对之两端；自精神上观之，纯然出于同体之一贯者。譬之数学，有正必有负；譬之电学，有阴必有阳；譬之冷热两暗潮，互冲而互调；譬之轻重两空气，相薄而相剂。善学道者，能备其繁杂之性质而利用之，如佛说华严宗所谓相是无碍、相入无碍。苟有得于是，则以之独善其身而一身善，以之兼善天下而天下善。

朱子曰："教学者如扶醉人，扶得东来西又倒。"凡我辈有志于自治，有志于觉天下者，不可不重念此言也。天下固有绝好之义理，绝好之名目，而提倡之者不得其法，遂以成绝大之流弊者。流弊犹可言也，而因此流弊之故，遂使流俗人口实之，以此义理、此名目为诟病；即热诚达识之士，亦或疑其害多利少而不敢复道。则其于公理之流行，反生阻力，而文明进化之机，为之大窒。庄子曰："其作始也简，其将毕也巨。"可不惧乎？可不慎乎？故我辈讨论公理，必当平其心，公其量，不可徇俗以自画，不可惊世以自喜。徇俗以自画，是谓奴性；惊世以自喜，是谓客气。

吾今者以读书思索之所得，觉有十种德性，其形质相反，其精神相成，而为凡人类所当具有，缺一不可者。今试分别论之：

其一　独立与合群

独立者何？不倚赖他力，而常昂然独往独来于世界者也。《中庸》所谓"中立而不倚"，是其义也。人之所以异于禽兽者以此，文明人所以异于野蛮者以此。吾中国所以不成为独立国者，以国民乏独立之德而已。言学问则倚赖古人，言政术则倚赖外国。官吏倚赖君主，君主倚赖官吏。百姓倚赖政府，政府倚赖百姓。乃至一国之人，各各放弃其责任，而惟倚赖之是务。究其极也，实则无一人之可倚赖者。譬犹群盲偕行，甲扶乙肩，乙牵丙袂，究其极也，实不过盲者依赖盲者。一国腐败，皆根于是。故今日救治之策，惟有提倡独立。人人各断绝倚赖，如孤军陷重围，以人自为战之心，作背城借一之举，庶可以扫拔已往数千年奴性之壁垒，可以脱离此后四百兆奴种之沉沦。今世之言独立者，或曰"拒列强之干涉而独立"，或曰"脱满洲之羁轭而独立"，吾以为不患中国不为独立之国，特患中国今无独立之民。故今日欲言独立，当先言个人之独立，乃能言全体之独立；先言道德上之独立，乃能言形势上之独立。危哉微哉！独立之在我国乎？

合群云者，合多数之独而成群也。以物竞天择之公理衡之，则其合群之力愈坚而大者，愈能占优胜权于世界上，此稍学哲理者所能知也。吾中国谓之为无群乎？彼固庞然四百兆人，经数千年聚族而居者也。不宁惟是，其地方自治之发达颇早，各省中所含小群无数也；同业联盟之组织颇密，四民中所含小群无数也。然终不免一盘散沙之诮者，则以无合群之德故也。合群之德者，以一身对于一群，常肯绌身而就群；以小群对于大群，常肯绌小群而就大群。夫然后能合内部固有之群，以敌外部来侵之群。乃我中国之现状，则有异于是矣。彼不识群义者不必论，即有号称求新之士，日日以合群呼号于天下，而甲地设一会，乙徒立一党，始也互相轻，继也互相妒，终也互相残。其力薄者，旋起旋灭，等于无有；其力强者，且将酿成内讧，为世道忧。此其故，亦非尽出于各人之私心焉，盖国民未有合群之德，欲集无数之不能群者强命为群，有其形质，无其精神也。故今日吾辈所最当讲求者，在养群德之一事。

独与群，对待之名词也。人人断绝倚赖，是倚群毋乃可耻？常绌身而就群，是主独无乃可羞？以此间隙，遂有误解者与托名者之二派出焉。其老朽腐败者，以和光同尘为合群之不二法门，驯至尽弃其独立，阉然以媚于世；其年少气锐者，避奴隶之徽号，乃专以尽排侪辈、惟我独尊为主义。由前之说，是合群为独立之贼；由后之说，是独立为合群之贼。若是乎两者之终不能并存也。今我辈所亟当说明者有二语，曰独立之反面，依赖也，非合群也；合群之反面，营私也，非独立也。虽人自为战，而军令自联络而整齐，不过以独而扶其群云尔；虽全机运动，而轮轴自分劳而赴节，不过以群而扶其独云尔。苟明此义，则无所容其托，亦不必用其避。譬之物质然，合无数“阿屯”而成一体，合群之义也；每一“阿屯”中，皆具有本体所含原质之全分，独立之义也。若是者，谓之合群之独立。

其二　自由与制裁

自由者，权利之表证也。凡人所以为人者有二大要件，一曰生命，二曰权利。二者缺一，时乃非人。故自由者，亦精神界之生命也。文明国民每不惜掷多少形质界之生命，以易此精神界之生命，为其重也。我中国谓其无自由乎？则交通之自由，官吏不禁也；住居行动之自由，宫吏不禁也；置管产业之自由，官吏不禁也；信教之自由，官吏不禁也；书信秘密之自由，官吏不禁也；集会、言论之自由，官吏不禁也[①]。凡各国宪法所定形式上之自由，几皆有之。虽然，吾不敢谓之为自由者何也？有自由之俗，而无自由之德也。自由之德者，非他人所能予夺，乃我自得之而自享之者也。故文明国之得享用自由也，其权非操诸官吏，而常采诸国民。中国则不然，今所以幸得此习俗之自由者，恃官吏之不禁耳，一旦有禁之者，则其自由可以忽消灭而无复踪影。而官吏之所以不禁者，亦非专重人权在而不敢禁也，不过其政术拙劣，其事务废驰，无暇及此云耳。官吏无日不可以禁。自由无日不可以亡，若是者谓之奴隶之自由。若夫思想自由，为凡百自由之母者，则政府不禁之，而社会自禁之。以故吾中国四万万人，无一可称完人者，以其仅有形质界之生命，而无精神界之生命也。故今日欲救精神界之中国，舍自由美德外，其道无由！

制裁云者，自由之对待也。有制裁之主体，则必有服从之客体。既曰服从，尚得为有自由乎？顾吾尝观万国之成例，凡最尊自由权之民族，恒即为最富于制裁力之民族。其故何哉？自由之公例曰：“人人自由，而以不侵人之自由为界。”

---

① 近虽禁其一部分，然比之前世纪法、普、奥等国相去远甚——作者原注。

制裁者，制此界也；服从者，服此界也。故真自由之国民，其常要服从之点有三：一曰服从公理，二曰服从本群所自定之法律，三曰服从多数之决议。是故文明人最自由，野蛮人亦最自由，自由等也。而文野之别，全在其有制裁力与否。无制裁之自由，群之贼也；有制裁之自由，群之宝也。童子未及年，不许享有自由权者，为其不能自治也，无制裁也。国民亦然。苟欲享有完全之自由权，不可不先组织巩固之自治制。而文明程度愈高者，其法律常愈繁密，而其服从法律之义务亦常愈严整，几于见有制裁，不见有自由。而不知其一群之中，无一能侵他人自由之人，即无一被人侵我自由之人，是乃所谓真自由也。不然者，妄窃一二口头禅语，暴戾恣睢，不服公律，不顾公益，而漫然号于众曰："吾自由也。"则自由之祸，将烈于洪水猛兽矣。昔美国一度建设共和政体，其基础遂确乎不拔，日益发达，继长增高，以迄今日；法国则自一七八九年大革命以后，君民两党，互起互仆，垂半世纪余，而至今民权之盛，犹不及英美者，则法兰西民族之制裁力，远出英吉利民族之下故也。然则自治之德不备，而徒漫言自由，是将欲急之，反以缓之；将欲利之，反以害之也。故自由与制裁二者，不惟不相悖而已，又乃相待而成，不可须臾离。言自由主义者，不可不于此三致意也。

其三 自信与虚心

自信力者，成就大业之原也。西哲有言曰："凡人皆立于所欲立之地，是故欲为豪杰，则豪杰矣；欲为奴隶，则奴隶矣。"孟子曰："自谓不能者，自贼者也。"又曰："自暴者不可与有言也，自弃者不可与有为也。"天下人固有识想与议论过绝寻常，而所行事不能有益于大局者，必其自信力不足者也。有初时持一宗旨，任一事业，及为外界毁誉之所刺激，或半途变更废止，不能达其目的地者，必其自信力不足者也。居今日之中国，上之不可不冲破二千年顽谬之学理，内之不可不鏖战四百兆群盲之习俗，外之不可不对抗五洲万国猛烈侵略、温柔笼络之方策，非有绝大之气魄、绝大之胆量，何能于此四面楚歌中，打开一条血路，以导我国民于新世界者乎？伊尹曰："余天民之先觉者也，余将以斯道觉斯民也，非余觉之而谁也？"孟子曰："夫天未欲平治天下也，如欲平治天下，当今之世，舍我其谁也？"抑何其言之大而夸欤，自信则然耳！故我国民而自以为国权不能保，斯不能保矣，若人人以自信力奠定国权，强邻孰得而侮之？国民而自以为民权不能兴，斯不能兴矣；若人人以自信力夺争民权，民贼孰得而压之？而欲求国民全体之信力，必先自志士仁人之自信力始！

或问曰：吾见有顽锢之辈，抱持中国一二经典古义，谓可以攘斥外国陵铄全球者，若是者非其自信力乎？吾见有少年学子，摭拾一二新理新说，遂自以为足，废学高谈，目空一切者，若是者非其自信力乎？由前之说，则中国人中富于自信力者，莫如端王、刚毅；由后之说，则如格兰斯顿之耄而向学，奈端之自视欿然，非其自信力之有不足乎？曰：恶，是何言欤！自信与虚心，相反而相成者也。人之能有自信力者，必其气象阔大，其胆识雄远，既注定一目的地，则必求贯达之而后已。而当其始之求此目的地也，必校群长以择之；其继之行此目的地也，必集群力以图之。故愈自重者愈不敢轻薄天下人，愈坚忍者愈不敢易视天下事。海纳百川，任重致远，殆其势所必然也。彼故见自封、一得自喜者，是表明其器小易盈之迹于天下。如河伯之见海若，终必望洋而气沮；如辽豕之到河东，卒乃怀惭而不前；未见其自信力之能全始全终者也。故自信与骄傲异：自信者常沉着，而骄傲者常浮扬；自信者在主权，而骄傲者在客气。故豪杰之士，其取于人者，常以三人行必有我师为心；其立于己者，常以百世俟圣而不惑为鹄。夫是之谓虚心之自信。

其四　利己与爱他

为我也，利己也，私也，中国古义以为恶德者也。是果恶德乎？曰：恶，是何言！天下之道德法律，未有不自利己而立者也。对于禽兽而倡自贵知类之义，则利己而已，而人类之所以能主宰世界者赖是焉；对于他族而倡爱国保种之义，则利己而已，而国民之所以能进步繁荣者赖是焉。故人而无利己之思想者，则必放弃其权利，弛掷其责任，而终至于无以自立。彼芸芸万类，平等竞存于天演界中，其能利己者必优而胜，其不能利己者必劣而败，此实有生之公例矣。西语曰："天助自助者。"故生人之大患，莫甚于不自助而望人之助我，不自利而欲人之利我。夫既谓人矣，则安有肯助我而利我者乎？又安有能助我而利我者乎？国不自强，而望列国之为我保全，民不自治，而望君相之为我兴革，若是者，皆缺利己之德而已。昔中国杨朱以"为我"立教，曰：人人不拔一毫，人人不利天下，天下治矣。"吾昔甚疑其言，甚恶其言，及解英德诸国哲学大家之书，其所标名义，与杨朱吻合者，不一而足；而其理论之完备，实有足以助人群之发达，进国民之文明者。盖西国政治之基础，在于民权，而民权之巩固，由于国民竞争权利，寸步不肯稍让，即以人人不拔一毫之心以自利者利天下。观于此，然后知中国人号称利己心重者，实则非真利己也。苟其真利己，何以他人剥夺己之权利，握制己之生命，而恬然安之，恬然让之，曾不以为意也？故今日不独发明墨翟之学足以救中国，即发明杨朱之学亦足以救中国。

问者曰：然则爱他之义，可以吐弃乎？曰：是不然。利己心与爱他心，一而非二者也。近世哲学家，谓人类皆有两种爱己心：一本来之爱己心，二变相之爱己心。变相之爱己心者，即爱他心是也。凡人不能以一身而独立于世界也，于是乎有群。其处于一群之中而与俦侣共营生存也，势不能独享利益，而不顾俦侣之有害与否，苟或尔尔，则己之利未见而害先睹矣。故善能利己者，必先利其群，而后己之利亦从而进焉。以一家论，则我之家兴，我必蒙其福，我之家替，我必受其祸；以一国论，则国之强也，生长于其国者罔不强，国之亡也，生长于其国者罔不亡。故真能爱己者，不得不推此心以爱家、爱国，不得不推此心以爱家人、爱国人，于是乎爱他之义生焉。凡所以爱他者，亦为我而已。故苟深明二者之异名同源，固不必侈谈“兼爱”以为名高，亦不必讳言“为我”以自欺蔽。但使举利己之实，自然成为爱他之行；充爱他之量，自然能收利己之效。

其五　破坏与成立

破坏亦可谓之德乎？破坏犹药也。药所以治病，无病而药，则药之害莫大；有病而药，则药之功莫大。故论药者，不能泛论其性之良否，而必以其病之有无与病药二者，相应与否，提而并论，然后药性可得而言焉。破坏本非德也，而无如往古来今之世界，其蒙垢积污之时常多，非时时摧陷廓清之，则不足以进步，于是而破坏之效力显焉。今日之中国，又积数千年之沉疴，合四百兆之痼疾，盘踞膏肓，命在旦夕者也。非去其病，则一切调摄、滋补、荣卫之术，皆无所用。故破坏之药，遂成为今日第一要件，遂成为今日第一美德！世有深仁博爱之君子，惧破坏之剧且烈也，于是窃窃然欲补苴而幸免之。吾非不惧破坏，顾吾尤惧夫今日不破坏，而他日之破坏终不可免，且愈剧而愈烈也。故与其听彼自然之破坏而终不可救，无宁加以人为之破坏而尚可有为。自然之破坏者，即以病致死之喻也；人为之破坏者，即以药攻病之喻也。故破坏主义之在今日，实万无可避者也。《书》曰："若药不瞑眩，厥疾不瘳。"西谚曰："文明者非徒购之以价值而已，又购之以苦痛。"破坏主义者，实冲破文明进步之阻力，扫荡魑魅魍魉之巢穴，而救国救种之下手第一着也。处今日而犹惮言破坏者，是毕竟保守之心盛，欲布新而不欲除旧，未见其能济者也。

破坏之与成立，非不相容乎？曰：是不然。与成立不相容者，自然之破坏也；与成立两相济者，人为之破坏也。吾辈所以汲汲然倡人为之破坏者，惧夫委心任运听其自腐自败，而将终无成立之望也，故不得不用破坏之手段以成立之。凡所以破坏者为成立也，故持破坏主义者，不可不先认此目的。苟不尔，则满朝奴颜婢膝之官吏，举国醉生梦死之人民，其力自足以任破坏之役而有余，又何用我辈之汲汲为也？故今日而言破坏，当以不忍人之心，行不得已之事。彼法国十八世纪末叶之破坏，所以造十九世纪近年之成立也；彼日本明治七、八年以前之破坏，所以造明治二十三年以后之成立也。破坏乎，成立乎，一而二、二而一者也。虽然，天下事成难于登天，而败易于下海。故苟不案定目的，而惟以破坏为快心之具，为出气之端，恐不免为无成立之破坏。譬之药不治病，而徒以速死，将使天下人以药为诟，而此后讳疾忌医之风将益炽。是亦有志之士不可不戒者也！

结　论

鸣呼，老朽者不足道矣！今日以天下自任而为天下人所属望者，实惟中国之少年。我少年既以其所研究之新理、新说公诸天下，将以一洗数千年之旧毒，甘心为四万万人安坐以待亡国者之公敌，则必毋以新毒代旧毒，毋使敌我者得所口实，毋使旁观者转生大惑，毋使后来同志者反因我而生阻力。然则其道何由？亦曰：知有合群之独立，则独立而不轧轹；知有制裁之自由，则自由而不乱暴；知有虚心之自信，则自信而不骄盈；知有爱他之利己，则利己而不偏私；知有成立之破坏，则破坏而不危险。所以治身之道在是，所以救国之道亦在是！天下大矣，前途远矣，行百里者半九十，是在少年！是在吾党！

呵旁观者文

（1900 年 2 月 20 日）

天下最可厌、可憎、可鄙之人，莫过于旁观者。

旁观者，如立于东岸，观西岸之火灾，而望其红光以为乐；如立于此船，观彼船之沉溺，而睹其凫浴以为欢。若是者，谓之阴险也不可，谓之狠毒也不可，此种人无以名之，名之曰无血性。嗟乎！血性者，人类之所以生，世界之所以立也；无血性，则是无人类、无世界也。故旁观者，人类之蟊贼，世界之仇敌也。

人生于天地之间，各有责任。知责任者，大丈夫之始也；行责任者，大丈夫之终也。自放弃其责任，则是自放弃其所以为人之具也。是故人也者，对于一家而有一家之责任，对于一国而有一国之责任，对于世界而有世界之责任。一家之人各各自放弃其责任，则家必落；一国之人各各自放弃其责任，则国必亡；全世界人人各各自放弃其责任，则世界必毁。旁观云者，放弃责任之谓也。

中国词章家有警语二句，曰：“济人利物非吾事，自有周公孔圣人。”中国寻常人有熟语二句，曰：“各人自扫门前雪，不管他人瓦上霜。”此数语者，实旁观派之经典也，口号也。而此种经典口号，深入于全国人之脑中，拂之不去，涤之不净。质而言之，即“旁观”二字代表吾全国人之性质也，是即“无血性”三字为吾全国人所专有物也。呜呼，吾为此惧！

旁观者，立于客位之意义也。天下事不能有客而无主，譬之一家，大而教训其子弟，综核其财产；小而启闭其门户，洒扫其庭除，皆主人之事也。主人为谁？即一家之人是也。一家之人，各尽其主人之职而家以成。若一家之人各自立于客位，父诿之于子，子诿之于父；兄诿之于弟，弟诿之于兄；夫诿之于妇，妇诿之于夫；是之谓无主之家。无主之家，其败亡可立而待也。惟国亦然。一国之主人为谁？即一国之人是也。西国之所以强者无他焉，一国之人各尽其主人之职而已。中国则不然，入其国，问其主人为谁，莫之承也。将谓百姓为主人欤？百姓曰：此官吏之事也，我何与焉？将谓官吏为主人欤？官吏曰：我之尸此位也，为吾威势耳，为吾利源耳，其他我何知焉。若是乎一国虽大，竟无一主人也。无主人之国，则奴仆从而弄之，盗贼从而夺之，固宜。《诗》曰："子有庭内，弗洒弗扫。子有钟鼓，弗鼓弗考。宛其死矣，他人是保。"此天理所必至也，于人乎何尤？

夫对于他人之家、他人之国而旁观焉，犹可言也，何也？我固客也[①]。对于吾家、吾国而旁观焉，不可言也，何也？我固主人也。我尚旁观，而更望谁之代吾责也？大抵家国之盛衰兴亡，恒以其家中、国中旁观者之有无多少为差。国人无一旁观者，国虽小而必兴；国人尽为旁观者，国虽大而必亡。今吾观中国四万万人，皆旁观者也。谓余不信，请征其流派：

一曰浑沌派。此派者，可谓之无脑筋之动物也。彼等不知有所谓世界，不知有所谓国，不知何者为可忧，不知何者为可惧，质而论之，即不知人世间有应做之事也。饥而食，饱而游，困而睡，觉而起，户以内即其小天地，争一钱可以陨身命，彼等既不知有事，何所谓办与不办？既不知有国，何所谓亡与不亡？譬之游鱼居将沸之鼎，犹误为水暖之春江；巢燕处半火之堂，犹疑为照屋之出日。彼等之生也，如以机器制成者，能运动而不能知觉；其死也，如以电气殛毙者，有堕落而不有苦痛，蠕蠕然度数十寒暑而已。彼等虽为旁观者，然曾不自知其为旁观者，吾命之为旁观派中之天民。四

---

① 侠者之义，虽对于他国、他家亦不当旁观，今姑置勿论——作者原注。

万万人中属于此派者，殆不止三万五千万人。然此又非徒不识字、不治生之人而已。天下固有不识字、不治生之人而不浑沌者，亦有号称能识字、能治生之人而实大浑沌者。大抵京外大小数十万之官吏，应乡、会、岁科试数百万之士子，满天下之商人，皆于其中十有九属于此派者。

二曰为我派。此派者，俗语所谓遇雷打尚按住荷包者也。事之当办，彼非不知；国之将亡，彼非不知。虽然，办此事而无益于我，则我惟旁观而已；亡此国而无损于我，则我惟旁观而已。若冯道当五季鼎沸之际，朝梁夕晋，犹以五朝元老自夸；张之洞自言瓜分之后，尚不失为小朝廷大臣，皆此类也。彼等在世界中，似是常立于主位而非立于客位者。虽然，不过以公众之事业，而计其一己之利害；若夫公众之利害，则彼始终旁观者也。吾昔见日本报纸中有一段，最能摹写此辈情形者，其言曰：

> 吾尝游辽东半岛，见其沿道人民，察其情态，彼等于国家存亡危机，如不自知者；彼等之待日本军队，不见为敌人，而见为商店之主顾客；彼等心目中，不知有辽东半岛割归日本与否之问题，惟知有日本银色与纹银兑换补水几何之问题。

此实写出魑魅魍魉之情状，如禹鼎铸奸矣。推为我之敝，割数千里之地，赔数百兆之款，以易其衙门咫尺之地，而曾无所顾惜，何也？吾今者既已六七十矣，但求目前数年无事，至一瞑之后，虽天翻地覆非所问也。明知官场积习之当改而必不肯改，吾衣领饭碗之所在也。明知学校科举之当变而不肯变，吾子孙出身之所由也。此派者，以老聃为先圣，以杨朱为先师，一国中无论为官、为绅、为士、为商，其据要津、握重权者皆此辈也，故此派有左右世界之力量。一国聪明才智之士，皆走集于其旗下，而方在萌芽卵孵之少年子弟，转率仿效之，如麻疯、肺病者传其种于子孙，故遗毒遍于天下，此为旁观派中之最有魔力者。

三曰呜呼派。何谓呜呼派？彼辈以咨嗟太息、痛哭流涕为独一无二之事业者也。其面常有忧国之容，其口不少哀时之语，告以事之当办，彼则曰诚当办也，奈无从办起何；告以国之已危，彼则曰诚极危也，奈已无可救何；再穷诘之，彼则曰国运而已，天心而已。“无可奈何”四字是其口诀，“束手待毙”一语是其真传。如见火之起，不务扑灭，而太息于火势之炽炎；如见人之溺，不思拯援，而痛恨于波涛之澎湃。此派者，彼固自谓非旁观者也，然他人之旁观也以目，彼辈之旁观也以口。彼辈非不关心国事，然以国事为诗料；非不好言时务，然以时务为谈资者也。吾人读波兰灭亡之记、埃及惨状之史，何尝不为之感叹，然无益于波兰、埃及者，以吾固旁观也。吾人见非律宾与美血战，何尝不为之起敬，然无助于非律宾者，以吾固旁观也。所谓呜呼派者，何以异是！此派似无补于世界，亦无害于世界者，虽然，灰国民之志气，阻将来之进步，其罪实不薄也。此派者，一国中号称名士者皆归之。

四曰笑骂派。此派者，谓之旁观，宁谓之后观。以其常立于人之背后，而以冷言热语批评人者也。彼辈不惟自为旁观者，又欲逼人使不得不为旁观者。既骂守旧，亦骂维新；既骂小人，亦骂君子。对老辈则骂其暮气已深，对青年则骂其躁进喜事。事之成也，则曰竖子成名；事之败也，则曰吾早料及。彼辈常自立于无可指摘之地，何也？不办事故无可指摘，旁观故无可指摘。已不办事，而立于办事者之后，引绳批根以嘲讽掊击，此最巧黠之术，而使勇者所以短气，怯者所以灰心也。岂直使人灰心短气而已，而将成之事，彼辈必以笑骂沮之；已成之事，彼辈能以笑骂败之。故彼辈者，世界之阴人也。夫排斥人未尝不可，已有主义欲伸之，而排斥他人之主义，此西国政党所不讳也。然彼笑骂派果有何主义乎？譬之孤舟遇风于大洋，彼辈骂风、骂波、骂大洋、骂孤舟，乃至遍骂同舟之人，若问此船当以何术可达彼岸乎，彼等瞠然无对也，何也？彼辈借旁观以行笑骂，失旁观之地位，则无笑骂也。

五曰暴弃派。呜呼派者，以天下为无可为之事：暴弃派者，以我为无可为之人也；笑骂派者，常责人而不责已；暴弃派者，常望人而不望己也。彼辈之意，以为一国四百兆人，其三百九十九兆九亿九万九千九百九十九人中，才智不知几许，英杰不知几许，我之一人岂足轻重。推此派之极弊，必至四百兆人，人人皆除出自己，而以国事望诸其余之三百九十九兆九亿九万九千九百九十九人。统计而互消之，则是四百兆人，卒至实无一人也。夫国事者，国民人人各自有其责任者也，愈贤智则其责任愈大，即愚不肖亦不过责任稍小而已，不能谓之无也。他人虽有绝大智慧、绝大能力，只能尽其本身分内之责任，岂能有分毫之代我？譬之欲不食而使善饭者为我代食，欲不寝而使善睡者为我代寝，能乎否乎？夫我虽愚不肖，然既为人矣，即为人类之一分子也；既生此国矣，即为国民之一阿屯也，我暴弃己之一身，犹可言也，污蔑人类之资格，灭损国民之体面，不可言也。故暴弃者实人道之罪人也。

六曰待时派。此派者，有旁观之实而不自居其名者也。夫待之云者，得不得未可必之词也。吾待至可以办事之时然后办之，若终无其时，则是终不办也。寻常之旁观则旁观人事，彼辈之旁观则旁观天时也。且必如何然后为可以办事之时，岂有定形哉？办事者，无时而非可办之时；不办事者，无时而非不可办之时。故有志之士，惟造时势而已，未闻有待时势者也。待时云者，欲觇风潮之所向，而从旁拾其余利，向于东则随之而东，向于西则随之而西，是乡愿之本色，而旁观派之最巧者也。

以上六派，吾中国人之性质尽于是矣。其为派不同，而其为旁观者则同。若是乎，吾中国四万万人，果无一非旁观者也；吾中国虽有四万万人，果无一主人也。以无一主人之国，而立于世界生存竞争最剧最烈、万鬼环瞰、百虎眈视之大舞台，吾不知其如何而可也。六派之中，第一派为不知责任之人，以下五派为不行责任之人，知而不行，与不知等耳。且彼不知者犹有冀焉，冀其他日之知而即行也。若知而不行，则是自绝于天地也。故吾责第一派之人犹浅，责以下五派之人最深。

虽然，以阳明学知行合一之说论之，彼知而不行者，终是未知而已。苟知之极明，则行之必极勇。猛虎在于后，虽跛者或能跃数丈之涧；燎火及于邻，虽弱者或能运千钧之力，何也？彼确知猛虎、大火之一至，而吾之性命必无幸也。夫国亡种灭之惨酷，又岂止猛虎、大火而已。吾以为举国之旁观者直未知之耳，或知其一二而未知其究竟耳。若真知之，若究竟知之，吾意虽箝其手、缄其口，犹不能使之默然而息，块然而坐也。安有悠悠日月，歌舞太平，如此江山，坐付他族，袖手而作壁上之观，面缚以待死期之至，如今日者耶？嗟乎！今之拥高位，秩厚禄，与夫号称先达名士有闻于时者，皆一国中过去之人也。如已退院之僧，如已闭房之妇，彼自顾此身之寄居此世界，不知尚有几年，故其于国也有过客之观，其苟且以媮逸乐，袖手以终余年，固无足怪焉。若我辈青年，正一国将来之主人也，与此国为缘之日正长。前途茫茫，未知所届。国之兴也，我辈实躬享其荣：国之亡也，我辈实亲尝其惨。欲避无可避，欲逃无可逃，其荣也非他人之所得攘，其惨也非他人之所得代。言念及此，夫宁可旁观耶？夫宁可旁观耶？吾岂好为深文刻薄之言以骂尽天下哉？毋亦发于不忍旁观区区之苦心，不得不大声疾呼，以为我同胞四万万人告也。

旁观之反对曰任。孔子曰："天下有道，丘不与易也。"孟子曰："如欲平治天下，当今之世，舍我其谁也。"任之谓也。

过渡时代论

(1901 年 6 月 26 日)

一　过渡时代之定义

今日之中国，过渡时代之中国也。

过渡有广狭二义。就广义言之，则人间世无时无地而非过渡时代。人群进化，级级相嬗，譬如水流，前波后波，相续不断，故进步无止境，即过渡无已时，一日不过渡，则人类或几乎息矣。就狭义言之，则一群之中，常有停顿与过渡之二时代。互起互伏，波波相续体，是为过渡相；各波具足体，是为停顿相。于停顿时代，而膨胀力（即涨力）之现象显焉；于过渡时代，而发生力之现象显焉。欧洲各国自二百年以来，皆过渡时代也，而今则其停顿时代也。中国自数千年以来，皆停顿时代也，而今则过渡时代也。

二　过渡时代之希望

过渡时代者，希望之涌泉也，人间世所最难遇而可贵者也。有进步则有过渡，无过渡亦无进步。其在过渡以前，止于此岸，动机未发，其永静性何时始改，所难料也；其在过渡以后，达于彼岸，踌躇满志，其有余勇可贾与否，亦难料也。惟当过渡时代，则如鲲鹏图南，九万里而一息；江汉赴海，百千折以朝宗；大风泱泱，前途堂堂；生气郁苍，雄心矞皇。其现在之势力圈，矢贯七札，气吞万牛，谁能御之？其将来之目的地，黄金世界，荼锦生涯，谁能限之？故过渡时代者，实千古英雄豪杰之大舞台也，多少民族由死而生、由剥而复、由奴而主、由瘠而肥所必由之路也。美哉过渡时代乎！

三　过渡时代之危险

抑过渡时代，又恐怖时代也。青黄不接，则或受之饥；郤曲难行，则惟兹狼狈；风利不得泊，得毋灭顶灭鼻之惧；马逸不能止，实维蹶山蹶垤之忧。摩西之彷徨于广漠，阁龙之漂泛于泰洋，赌万死以博一生，断后路以临前敌，天下险象，宁复过之？且国民全体之过渡，以视个人身世之过渡，其利害之关系，有更重且剧者，所向之鹄若误，或投网以自戕；所导之路若差，或迷途而靡届。故过渡时代，又国民可生可死、可剥可复、可奴可主、可瘠可肥之界线，而所争间不容发者也！

四　各国过渡时代之经验

船头坎坎者，自由之鼓耶？船尾舒舒者，独立之旗耶？当十八、十九两世纪中，相衔相逐相提携，乘长风冲怒涛，以过渡于新世界者，非远西各国耶？顺流而渡者，其英吉利耶？乱流而渡者，其法兰西耶？方舟联队而渡者，其德意志、意大利、瑞士耶？攘臂冯河而渡者，其美利坚、匈牙利耶？借风附帆而渡者，其门的内哥、塞尔维亚、希腊耶？维也纳温和会议所不能遏，三帝国神圣同盟所不能禁，拿破仑席卷囊括之战略所不能挠，梅特涅饲狙豢虎之政术所不能防。或渡一次而达焉，或渡两三次而始达焉；或渡一关而止焉，或渡两三关而犹未止焉；或中途逢大敌，血战突围而径渡焉；或发端遇挫折，卷土重来而卒渡焉。吾读《水浒传》，宋公明何以破祝庄？吾读《西游记》，唐三藏何以到西域？吾以是知过渡之非易，吾以是知过渡之非难。我陟高丘，我瞻彼岸，乐土乐土，先鞭已属他人！归欤归欤，座位尚容卿辈！角声动地，提耳以唤魂兮；巾影漫天，招手而邀卬涉。河汉清且浅，相去复几许？盈盈一水间，脉脉不得语。望门大嚼，我劳如何！

五 过渡时代之中国

今世界最可以有为之国，而现时在过渡中者有二。其一为俄罗斯。俄国自大彼得及亚历山大第二以来，几度厉行改革，输入西欧文明，其国民脑中渐有所谓世界公理者，日浸月润，愈播愈广，不可遏抑，而其重心力实在于各学校之学生。今世识微之士，谓俄罗斯将达于彼岸之时不远矣。其二则为我中国。中国自数千年来，常立于一定不易之域，寸地不进，跬步不移，未尝知过渡之为何状也。虽然，为五大洋惊涛骇浪之所冲激，为十九世纪狂飙飞沙之所驱突，于是穹古以来，祖宗遗传、深顽厚锢之根据地，遂渐渐摧落失陷，而全国民族，亦遂不得不经营惨淡，跋涉苦辛，相率而就于过渡之道。故今日中国之现状，实如驾一扁舟，初离海岸线，而放于中流，即俗语所谓两头不到岸之时也。语其大者，则人民既愤独夫民贼愚民专制之政，而未能组织新政体以代之，是政治上之过渡时代也；士子既鄙考据词章庸恶陋劣之学，而未能开辟新学界以代之，是学问上之过渡时代也；社会既厌三纲压抑虚文缛节之俗，而未能研究新道德以代之，是理想风俗上之过渡时代也。语其小者，则例案已烧矣，而无新法典；科举议变矣，而无新教育；元凶处刑矣，而无新人才；北京残破矣，而无新都城。数月以来，凡百举措，无论属于自动力者，属于他动力者，殆无一而非过渡时代也。故今日我全国人可分为两种：其一老朽者流，死守故垒，为过渡之大敌，然被有形无形之逼迫，而不得不涕泣以就过渡之途者也；其二青年者流，大张旗鼓，为过渡之先锋，然受外界内界之刺激，而未得实把握以开过渡之路者也。而要之中国自今以往，日益进入于过渡之界线，离故步日以远，冲盘涡日以急，望彼岸日以亲，是则事势所必至，而丝毫不容疑义者也！以第二节之现象言之，可爱哉，其今日之中国乎！以第三节之现象言之，可惧哉，其今日之中国乎！

六　过渡时代之人物与其必要之德性

时势造英雄耶，英雄造时势耶？时势英雄，递相为因，递相为果耶？吾辈虽非英雄，而日日思英雄，梦英雄，祷祀求英雄，英雄之种类不一，而惟以适于时代之用为贵。故吾不欲论旧世界之英雄，亦未敢语新世界之英雄，而惟望有崛起于新旧两界线之中心的过渡时代之英雄。窃以为此种英雄，所不可缺之德性，有三端焉：

其一冒险性，是过渡时代之初期所不可缺者也。过渡者，改进之意义也。凡革新者不能保持其旧形，犹进步者必当掷弃其故步。欲上高楼，先离平地；欲适异国，先去故乡；此事势之最易明者也。虽然，保守恋旧者，人之恒性也。《传》曰：“凡民可以乐成，难与图始。”故欲开一堂堂过渡之局面，其事正自不易。盖凡过渡之利益，为将来耳。然当过去已去、将来未来之际，最为人生狼狈不堪之境遇。譬有千年老屋，非更新之，不可复居，然欲更新之，不可不先权弃其旧者。当旧者已破、新者未成之顷，往往瓦砾狼藉，器物播散，其现象之苍凉，有十倍于从前焉。寻常之人，观目前之小害，不察后此之大利，或出死力以尼其进行；即一二稍有识者，或胆力不足，长虑却顾，而不敢轻于一发。此前古各国，所以进步少而退步多也。故必有大刀阔斧之力，乃能收荜路蓝缕之功；必有雷霆万钧之能，乃能造鸿鹄千里之势。若是者，舍冒险末由。

其二忍耐性，是过渡时代之中期所不可缺者也。过渡者，可进而不可退者也，又难进而易退者也。摩西之率犹太人出埃及以迁于迦南也，飘流踯躅于沙漠间者四十年，与天气战，与猛兽战，与土蛮战，停辛伫苦，未尝宁居，同行俦类，睊睊怨谗，大业未成，鬓发已白。此寻常豪杰之士，所最扼腕而短气者也。且夫所志愈大者，则其成就愈难；所行愈远者，则其归宿愈迟，事物之公例也。故倡率国民以经此过渡时代者，其间恒遇内界外界、无量无数之阻力，一挫再挫三挫，经数十年、百年，而及身不克见其成者比比然也。非惟不见其成，或乃受唾受骂，虽有口舌，而无以自解。故非有过人之忍耐性者，鲜有不半路而退转者也。语曰：“行百里者半九十。”掘井九仞，犹为弃井；山亏一篑，遂无成功；惟危惟微，间不容发。故忍耐性者，所以贯彻过渡之目的者也。

其三别择性，是过渡时代之末期所不可缺者也。凡国民所贵乎过渡者，不徒在能去所厌离之旧界而已，而更在能达所希望之新界焉。故冒万险忍万辱而不辞，为其将来所得之幸福，足以相偿而有余也。故倡率国民以就此途者，苟不为之择一最良合宜之归宿地，则其负国民也实甚。世界之政体有多途，国民之所宜亦有多途。天下事固有于理论上不可不行，而事实上万不可行者，亦有在他时他地可得极良之结果，而在此时此地反招不良之结果者。作始也简，将毕也巨。故坐于广厦细旃以谈名理，与身入于惊涛骇浪以应事变，其道不得不绝异。故过渡时代之人物，当以军人之魄，佐以政治家之魂。政治家以魂者何？别择性是已。

凡此三种德性，能以一人而具有之者上也；一群中人，各备一德，组成团体，互相补助，抑其次也。嗟乎！英雄造时势耶？时势造英雄耶？时势时势，宁非今耶？英雄英雄，在何所耶？抑又闻之，凡一国之进步也，其主动者在多数之国民，而驱役一二之代表人以为助动者，则其事罔不成；其主动者在一二之代表人，而强求多数之国民以为助动者，则其事鲜不败！故吾所思所梦所祷祀者，不在轰轰独秀之英雄，而在芸芸平等之英雄！

论学术之势力左右世界

（1902 年 2 月 8 日）

亘万古，袤九垓，自天地初辟以迄今日，凡我人类所栖息之世界，于其中而求一势力之最广被而最经久者，何物乎？将以威力乎？亚历山大之狮吼于西方，成吉思汗之龙腾于东土，吾未见其流风余烈，至今有存焉者也。将以权术乎？梅特涅执牛耳于奥大利，拿破仑第三弄政柄于法兰西，当其盛也，炙手可热，威震环瀛，一败之后，其政策亦随身名而灭矣。然则天地间独一无二之大势力，何在乎？曰智慧而已矣，学术而已矣。

今且勿论远者，请以近世史中，文明进化之迹，略举而证明之。凡稍治史学者，度无不知近世文明先导之两原因，即十字军之东征，与希腊古学复兴是也。夫十字军之东征也，前后凡七役，亘二百年[①]，卒无成功。乃其所获者，不在此而在彼。以此役之故，而欧人得与他种民族相接近，传习其学艺，增长其智识，盖数学、天文学、理化学、动物学、医学、地理学等，皆至是而始成立焉；而拉丁文学、宗教裁判等，亦因之而起。此其远因也。中世末叶，罗马教皇之权日盛，哲学区域，为安士林（Anselm，罗马教之神甫也）派所垄断，及十字军罢役以后，西欧与希腊、亚剌伯诸邦，来往日便，乃大从事于希腊语言文字之学，不用翻译，而能读亚里士多德诸贤之书，思想大开，一时学者不复为宗教迷信所束缚，卒有路得新教之起，全欧精神，为之一变。此其近因也。其间因求得印书之法，而文明普遍之途开；求得航海之法，而世界环游之业成。凡我等今日所衣所食、所用所乘、所闻所见，一切利用前民之事物，安有不自学术来者耶？此犹曰其普通者，请举一二人之力左右世界者，而条论之。

一曰歌白尼（Copernicus）[②] 之天文学。泰西上古天文家言，亦如中国古代，谓天圆地方，天动地静。罗马教会，主持是论，有倡异说者，辄以非圣无法罪之。当时哥伦布虽寻得美洲，然不知其为西半球，谓不过亚细亚东岸之一海岛而已。及歌白尼地圆之学说出，然后玛志仑（Magellan）[③] 始寻

---

① 起一千〇九十六年，迄一千二百七十年——作者原注。

② 生于一四七三年，卒于一五四三年——作者原注。

③ 以一五一九年始航太平洋一周——作者原注。

得太平洋航海线，而新世界始开。今日之有亚美利加合众国，灿然为世界文明第一，而骎骎握全地球之霸权者，歌白尼之为之也。不宁惟是，天文学之既兴也，从前宗教家种种凭空构造之谬论，不复足以欺天下，而种种格致实学，从此而生。虽谓天文学为宗教改革之强援，为诸种格致学之鼻祖，非过言也。哥白尼之关系于世界何如也！

二曰倍根、笛卡儿之哲学。中世以前之学者，惟尚空论，呶呶然争宗派，争名目，口崇希腊古贤，实则重诬之，其心思为种种旧习所缚，而曾不克自拔。及倍根出，专倡格物之说，谓言理必当验事物而有征者，乃始信之。及笛卡儿出，又倡穷理之说，谓论学必当反诸吾心而自信者，乃始从之。此二派行，将数千年来学界之奴性，犁庭扫穴，靡有孑遗，全欧思想之自由，骤以发达，日光日大，而遂有今日之盛。故哲学家恒言，二贤者，近世史之母也。倍根、笛卡儿之关系于世界何如也！

三曰孟德斯鸠（Montesquieu）[①] 之著《万法精理》。十八世纪以前，政法学之基础甚薄，一任之于君相之手，听其自腐败，自发达。及孟德期鸠出，始分别三种政体，论其得失，使人知所趋向。又发明立法、行法、司法三权鼎立之说，后此各国，靡然从之，政界一新，渐进以迄今日。又极论听讼

① 法国人，生于一六八九年，卒于一七五五年——作者原注。

之制，谓当废拷讯，设陪审，欧美法廷，遂为一变。又谓贩卖奴隶之业，大悖人道，攻之不遗余力，实为后世美、英、俄诸国放奴善政之嚆矢。其他所发之论，为法兰西及欧洲诸国所采用，遂进文明者，不一而足。孟德斯鸠实政法学之天使也。其关系于世界何如也！

四曰卢梭（Rousseau）[①] 之倡天赋人权。欧洲古来，有阶级制度之习，一切政权、教权，皆为贵族所握，平民则视若奴隶焉。及卢梭出，以为人也者，生而有平等之权，即生而当享自由之福，此天之所以与我，无贵贱一也，于是著《民约论》（*Social Contact*）大倡此义。谓国家之所以成立，乃由人民合群结约，以众力而自保其生命财产者也，各从其意之自由，自定约而自守之，自立法而自遵之，故一切平等。若政府之首领及各种官吏，不过众人之奴仆，而受托以治事者耳。自此说一行，欧洲学界，如平地起一霹雳，如暗界放一光明，风驰云卷，仅十余年，遂有法国大革命之事。自兹以往，欧洲列国之革命，纷纷继起，卒成今日之民权世界。《民约论》者，法国大革命之原动之也；法国大革命，十九世纪全世界之原动力也。卢梭之关系于世界何如也！

五曰富兰克令（Franklin）[②] 之电学，瓦特（Watt）[③] 之

---

① 法国人，生于一七一二年，卒于一七七八年——作者原注。
② 美国人，生于一七〇六年，卒于一七九〇年——作者原注。
③ 英人，生于一七三六年，卒于一八一九年——作者原注。

汽机学。十九世纪所以异于前世纪者何也？十九世纪有缩地之方，前人以马力行，每日不能过百英里者，今则四千英里之程，行于海者，十三日而可达，行于陆者，三日而可达矣，则轮船、铁路之为之也。昔日制帽、制靴、纺纱、织布等之工，以若干时而能制成一枚者，今则同此时刻，能制至万枚以上矣。伦敦一报馆一年所用之纸，视十五世纪至十八世纪四百年间所用者，有加多焉，则制造机器之为之也。美国大统领，下一教书，仅一时许，而可以传达于支那，上午在印度买货，下午可以在伦敦银行支银，则电报之为之也。凡此数者，能使全世界之政治、商务、军事，乃至学问、道德，全然一新其面目。而造此世界者，乃在一煮沸水之瓦特[①]与一放纸鸢之富兰克令[②]。二贤之关系于世界何如也！

六曰亚丹·斯密（Adam Smith）[③] 之理财学。泰西论者，每谓理财学之诞生日何日乎？即一千五百七十六年是也，何以故？盖以亚丹·斯密氏之《原富》(*Inquiry into the Nature and Causes of the Wealth of Nations*) [④]，出版于是年也。此书之出，不徒学问界为之变动而已，其及于人群之交际，及于国家之政治者，不一而足。而一八四六年以后，英国决行自

① 瓦特因沸水而悟汽机之理——作者原注。

② 富氏尝放纸鸢以验电学之理——作者原注。

③ 英国人，生于一七二三年，卒于一七九〇年——作者原注。

④ 此书侯官严氏译——作者原注。

由贸易政策（Free Trade），尽免关税，以致今日商务之繁盛者，斯密氏《原富》之论为之也。近世所谓人群主义（Socialism），专务保护劳力者，使同享乐利，其方策渐为自今以后之第一大问题。亦自斯密氏发其端，而其徒马尔沙士大倡之，亚丹·斯密之关系于世界何如也！

七曰伯伦知理（Bluntschli）[①] 之国家学。伯伦知理之学说，与卢梭正相反对者也。虽然，卢氏立于十八世纪，而为十九世纪之母；伯氏立于十九世纪，而为二十世纪之母。自伯氏出，然后定国家之界说，知国家之性质、精神、作用为何物，于是国家主义乃大兴于世。前之所谓国家为人民而生者，今则转而云人民为国家而生焉，使国民皆以爱国为第一之义务，而盛强之国乃立，十九世纪末世界之政治则是也。而自今以往，此义愈益为各国之原力，无可疑也。伯伦知理之关系于世界何如也！

八曰达尔文（Darwin Charles）[②] 之进化论。前人以为黄金世界在于昔时，而末世日以堕落，自达尔文出，然后知地球人类，乃至一切事物，皆循进化之公理，日赴于文明。前人以为天赋人权，人生而皆有自然应得之权利，及达尔文出，然后知物竞天择，优胜劣败，非图自强，则决不足以自立。达尔文者，实举十九世纪以后之思想，彻底而一新之者也。

---

① 德国人，生于一八〇八年，卒于一八八一年——作者原注。
② 英国人，生于一八〇九年，卒于一八八二年——作者原注。

是故凡人类智识所能见之现象，无一不可以进化之大理贯通之。政治法制之变迁，进化也；宗教道德之发达，进化也：风俗习惯之移易，进化也。数千年之历史，进化之历史；数万里之世界，进化之世界也。故进化论出，而前者宗门迷信之论，尽失所据。教会中人，恶达氏滋甚，谓有一魔鬼住于其脑云，非无因也。此义一明，于是人人不敢不自勉为强者、为优者，然后可以立于此物竞天择之界。无论为一人，为一国家，皆向此鹄以进，此近世民族帝国主义（National Imperialism）[①] 所由起也。此主义今始萌芽，他日且将磅礴充塞于本世纪而未有已也。虽谓达尔文以前为一天地，达尔文以后为一天地可也。其关系于世界何如也！

以上所列十贤，不过举其荦荦大者。至如奈端（Newton）[②] 之创重学，嘉列（Guericke）[③]，杯黎（Boyle）[④] 之制排气器，连挪士（Linnaeus）[⑤] 之开植物学，康德（Kant）[⑥] 之开纯全哲学，皮里士利（Priestley）[⑦] 之化学，边沁（Ben-

---

① 民族自增植其势力于国外，谓之民族帝国主义——作者原注。
② 英人，生于一六四一年，卒于一七二七年——作者原注。
③ 德国人，生于一六〇二年，卒于一六八六年——作者原注。
④ 英人，生于一六二六年，卒于一六九一年——作者原注。
⑤ 瑞典人，生于一七〇七年，卒于一七七八年——作者原注。
⑥ 德国人，生于一七二四年，卒于一八〇四年——作者原注。
⑦ 英人，生于一七三三年，卒于一八〇四年——作者原注。

tham)[①] 之功利主义，黑拔（Herbart)[②] 之教育学，仙士门(St. Simon，法人)，喀谟德（Comte)[③] 之倡人群主义及群学，约翰·弥勒（John Stuart Mill)[④] 之论理学、政治学、女权论，斯宾塞（Spencer)[⑤] 之群学等，皆出其博学深思之所独得，审诸今后时势之应用，非如前代学者，以学术为世界外遁迹之事业，如程子所云“玩物丧志”也。以故其说一出，类能耸动一世，饷遗后人。呜呼，今日光明灿烂、如荼如锦之世界，何自来乎？实则诸贤之脑髓、之心血、之口沫、之笔锋，所组织之而庄严之者也。

亦有不必自出新说，而以其诚恳之气，清高之思，美妙之文，能运他国文明新思想，移植于本国，以造福于其同胞，此其势力，亦复有伟大而不可思议者。如法国之福禄特尔(Voltaire)[⑥]，日本之福泽谕吉[⑦]，俄国之托尔斯泰（Tolstoi)[⑧] 诸贤是也。福禄特尔当路易第十四全盛之时，愁然忧法国前途，乃以其极流丽之笔，写极伟大之思，寓诸诗歌院本小说等，引英国之政治，以讥讽时政，被锢被逐，几濒于

---

① 英人，生于一七四七年，卒于一八三二年——作者原注。
② 生于一七七六年，卒于一八四一年——作者原注。
③ 法人，生于一七九五年，卒于一八五七年——作者原注。
④ 英人，生于一八〇六年，卒于一八七三年——作者原注。
⑤ 英人，生于一八二〇年，今犹生存——作者原注。
⑥ 生于一六九四年，卒于一七七八年——作者原注。
⑦ 去年卒——作者原注。
⑧ 今尚生存——作者原注。——其人卒于1910年（编者注）。

死者屡焉，卒乃为法国革新之先锋，与孟德斯鸠、卢梭齐名。盖其有造于法国民者，功不在两人下也。福泽谕吉当明治维新以前，无所师授，自学英文，尝手抄《华英字典》一过，又以独力创一学校，名曰庆应义塾，创一报馆，名曰《时事新报》，至今为日本私立学校、报馆之巨擘焉。著书数十种，专以输入泰西文明思想为主义。日本人之知有西学，自福泽始也；其维新改革之事业，亦顾问于福泽者十而六七也。托尔斯泰，生于地球第一专制之国，而大倡人类同胞兼爱平等主义，其所论盖别有心得，非尽凭借东欧诸贤之说者焉。其所著书，大率皆小说，思想高彻，文笔豪宕，故俄国全国之学界，为之一变。近年以来，各地学生咸不满于专制之政，屡屡结集，有所要求，政府捕之、锢之、放之、逐之，而不能禁，皆托尔斯泰之精神所鼓铸者也。由此观之，福禄特尔之在法兰西，福泽谕吉之在日本，托尔斯泰之在俄罗斯，皆必不可少之人也。苟无此人，则其国或不得进步，即进步亦未必如是其骤也。然则如此等人者，其于世界之关系何如也！

吾欲敬告我国学者曰：公等皆有左右世界之力，而不用之何也？公等即不能为倍根、笛卡儿、达尔文，岂不能为福禄特尔、福泽谕吉、托尔斯泰？即不能左右世界，岂不能左右一国？苟能左右我国者，是所以使我国左右世界也。吁嗟山兮，穆如高兮；吁嗟水兮，浩如长兮。吾闻足音之跫然兮，吾欲溯洄而从之兮，吾欲馨香而祝之兮！

释 革

(1902年12月14日)

“革”也者，含有英语之Reform与Revolution之二义。Reform者，因其所固有而损益之以迁于善，如英国国会一千八百三十二年之Revolution是也。日本人译之曰改革、曰革新。Revolution者，若转轮然，从根柢处掀翻之，而别造一新世界，如法国一千七百八十九年之Revolution是也，日本人译之曰革命。“革命”二字非确译也。“革命”之名词，始见于中国者，其在《易》曰：“汤武革命，顺乎天而应乎人。”其在《书》曰：“革殷受命。”皆指王朝易姓而言，是不足以当Revo.[①]之意也。人群中一切有形无形之事物，无不有其

① 省文，下仿此——作者原注。

Ref.，亦无不有其 Revo.，不独政治上为然也。即以政治论，则有不必易姓而不得不谓之 Revo. 者，亦有屡经易姓而仍不得谓之 Revo. 者。今以革命译 Revo.，遂使天下士君子拘墟于字面，以为谈及此义，则必与现在王朝一人一姓为敌，因避之若将浼已。而彼凭权借势者，亦将曰是不利于我也，相与窒遏之、摧锄之，使一国不能顺应于世界大势以自存。若是者皆名不正言不顺之为害也。故吾今欲与海内识者纵论革义。

Ref. 主渐，Revo. 主顿；Ref. 主部分，Revo. 主全体；Ref. 为累进之比例，Revo. 为反对之比例。其事物本善，则体未完法未备，或行之久而失其本真，或经验少而未甚发达，若此者，利用 Ref.。其事物本不善，有害于群，有窒于化，非芟夷蕴崇之，则不足以绝其患，非改弦更张之，则不足以致其理，若是者，利用 Revo.。此二者皆大《易》所谓革之时义也。其前者吾欲字之曰“改革”，其后者吾欲字之曰“变革”。

中国数年以前，仁人志士之所奔走所呼号，则曰改革而已。比年外患日益剧，内腐日益甚，民智程度亦渐增进，浸润于达哲之理想。逼迫于世界之大势，于是咸知非变革不足以救中国。其所谓变革云者，即英语 Revolution 之义也。而倡此论者多习于日本，以日人之译此语为革命也，因相沿而顺呼之曰“革命革命”。又见乎千七百八十九年法国之大变革，尝馘其王，刈其贵族，流血遍国内也，益以为所谓 Revo. 者必当如是。于是近今泰西文明思想上所谓以仁易暴之

Revolution，与中国前古野蛮争阋界所谓以暴易暴之革命，遂变为同一之名词，深入人人之脑中而不可拔。然则朝贵之忌之，流俗之骇之，仁人君子之忧之也亦宜。

新民子曰：革也者，天演界中不可逃避之公例也。凡物适于外境界者存，不适于外境界者灭，一存一灭之间，学者谓之淘汰。淘汰复有二种：曰“天然淘汰”，曰“人事淘汰”。天然淘汰者，以始终不适之故，为外风潮所旋击，自澌自毙而莫能救者也。人事淘汰者，深察我之有不适焉者，从而易之使底于适，而因以自存者也。人事淘汰，即革之义也。外境界无时而不变，故人事淘汰无时而可停。其能早窥破于此风潮者，今日淘汰一部分焉，明日淘汰一部分焉，其进步能随时与外境界相应，如是则不必变革，但改革焉可矣。而不然者，蛰处于一小天地之中，不与大局相关系，时势既奔轶绝尘，而我犹瞠乎其后，于此而甘自澌灭，则亦已耳。若不甘者，则诚不可不急起直追，务使一化今日之地位，而求可以与他人之适于天演者并立。夫我既受数千年之积痼，一切事物，无大无小无上无下，而无不与时势相反，于此而欲易其不适者以底于适，非从根柢处掀翻之，廓清而辞辟之，乌乎可哉！乌乎可哉！此所以 Revolution 之事业[①]，为今日救中国独一无二之法门。不由此道而欲以图存，欲以图强，是

① 即日人所谓革命，今我所谓变革——作者原注。

磨砖作镜，炊沙为饭之类也。

夫淘汰也，变革也，岂惟政治上为然耳，凡群治中一切万事万物莫不有焉。以日人之译名言之，则宗教有宗教之革命，道德有道德之革命，学术有学术之革命，文学有文学之革命，风俗有风俗之革命，产业有产业之革命。即今日中国新学小生之恒言，固有所谓经学革命、史学革命、文界革命、诗界革命、曲界革命、小说界革命、音乐界革命、文字革命等种种名词矣。若此者，岂尝与朝廷政府有毫发之关系，而皆不得不谓之革命。闻“革命”二字则骇，而不知其本义实变革而已。革命可骇，则变革其亦可骇耶？呜呼，其亦不思而已！

朝贵之忌革也，流俗之骇革也，仁人君子之忧革也，以为是盖放巢流彘，悬首太白，系组东门之谓也。不知此何足以当革义。革之云者，必一变其群治之情状，而使幡然有以异于昔日。今如彼而可谓之革也，则中国数千年来，革者不啻百数十姓。而问两汉群治有以异于秦，六朝群治有以异于汉，三唐群治有以异于六朝，宋明群治有以异于唐，本朝群治有以异于宋明否也？若此者，只能谓之数十盗贼之争夺，不能谓之一国国民之变革，昭昭然矣！故泰西数千年来，各国王统变易者以百数，而史家未尝一予之以 Revolution 之名。其得此名者，实自千六百八十八年英国之役始，千七百七十五年美国之役次之，千七百八十九年法国之役又次之。而十九世纪，则史家乃称之为 Revolution 时代。盖今日立于世界上之各国，其经过此时代者，皆仅各一次而已，而岂如吾中国前此所谓革命者，一二竖子授受于上，百十狐兔冲突于下，而遂足以冒此文明崇贵高尚之美名也。故妄以革命译此义，而使天下读者认仁为暴，认群为独，认公为私，则其言非徒误中国，而污辱此名词亦甚矣。

易姓者固不足为 Revolution，而 Revolution 又不必易姓。若十九世纪者，史家通称为 Revo. 时代者也，而除法国主权屡变外，自余欧洲诸国，王统依然。自皮相者观之，岂不以为是改革非变革乎？而询之稍明时务者，其谁谓然也。何也？变革云者，一国之民，举其前此之现象而尽变尽革之，所谓"从前种种，譬犹昨日死；从后种种，譬犹今日生"[①]，其所关系者非在一事一物一姓一人。若仅以此为旧君与新君之交涉而已，则彼君主者何物？其在一国中所占之位置，不过亿万分中之一，其荣也于国何与？其枯也于国何与？一尧去而一桀来，一纣废而一武兴，皆所谓"此朕家事，卿勿与知"，上下古今以观之，不过四大海水中之一微生物耳，其谁有此闲日月以挂诸齿牙余论也。故近百年来世界所谓变革者，其事业实与君主渺不相属，不过君主有顺此风潮者，则优而容之，有逆此风潮者，则锄而去之云尔。夫顺焉而优容，逆焉而锄去者，岂惟君主，凡一国之人，皆以此道遇之焉矣。若

---

① 袁了凡语——作者原注。

是乎，国民变革与王朝革命，其事固各不相蒙，较较然也。

闻者犹疑吾言乎？请更征诸日本。日本以皇统绵绵万世一系自夸耀，稍读东史者之所能知也；其天皇今安富尊荣神圣不可侵犯，又曾游东土者之所共闻也。曾亦知其所以有今日者，实食一度 Revolution 之赐乎？日人今语及庆应、明治之交，无不指为革命时代；语及尊王讨幕、废藩置县诸举动，无不指为革命事业；语及藤田东湖、吉田松阴、西乡南洲诸先辈，无不指为革命人物。此非吾之谰言也，旅其邦、读其书、接其人者，所皆能征也。如必以中国之汤武，泰西之克林威尔、华盛顿者，而始谓之革命，则日本何以称焉？而乌知其明治以前为一天地，明治以后为一天地，彼其现象之前后相反，与十七世纪末之英、十八世纪末之法无以异。此乃真能举 Revolution 之实者，而岂视乎万夫以上之一人也！

由此言之，彼忌革骇革忧革者，其亦可以释然矣。今日之中国，必非补苴掇拾一二小节，模拟欧、美、日本现时所谓改革者，而遂可以善其后也。彼等皆曾经一度之大变革，举其前此最腐败之一大部分，忍苦痛而拔除之，其大体固已完善矣，而因以精益求精，备益求备。我则何有焉？以云改革也。如废八股为策论，可谓改革矣，而策论与八股何择焉？更进焉，他日或废科举为学堂，益可谓改革矣，而学堂与科举又何择焉？一事如此，他事可知。改革云，改革云，更阅十年，更阅百年，亦若是则已耳。毒蛇在手而惮断腕，豺狼当道而问狐狸，彼尸居余气者又何责焉？所最难堪者，我国民将被天然淘汰之祸，永沉沦于天演大圈之下，而万劫不复耳！夫国民沉沦，则于君主与当道官吏又何利焉？国民尊荣，则于君主与当道官吏又何损焉？吾故曰：国民如欲自存，必自力倡大变革、实行大变革始；君主官吏而欲附于国民以自存，必自勿畏大变革且赞成大变革始。

鸣呼，中国之当大变革者，岂惟政治，然政治上尚不得变不得革，又遑论其余哉！鸣呼！

论宗教家与哲学家之长短得失

（1902 年 10 月 31 日）

天下事理，有得必有失，然所得即寓于所失之中，所失即在于所得之内；天下人物，有长必有短，然长处恒与短处相缘，短处亦与长处相丽。苟徒见其所得焉、所长焉而偏用之，及其缺点之发现，则有不胜其敝者矣。苟徒见其所失焉、所短焉而偏废之，则去其失、去其短，而所得、所长亦无由见矣！论学、论事、论人者，皆不可不于此深留意焉。

宗教家言与哲学家言，往往相反对者也。吾畴昔论学，最不喜宗教，以其偏于迷信而为真理障也。虽然，言穷理则宗教家不如哲学家，言治事则哲学家不如宗教家，此征诸历史而斑斑者也。历史上英雄豪杰，能成大业轰轰一世者，殆有宗教思想之人多，而有哲学思想之人少[①]，其在泰西、克林威尔，再造英国者也。其所以犯大不韪而无所避，历千万难而不渝者，宗教思想为之也。女杰贞德，再造法国者也，其人碌碌无他长，而惟以迷信、以热诚，感动国人而摧其敌，宗教思想为之也。维廉滨，开辟美洲者也。其所以以自由为性命，视躯壳为牺牲者，宗教思想为之也。美国之华盛顿、林肯，皆豪杰而圣贤也，皆富于宗教思想之人也。玛志尼、加富尔，皆孕育意大利者也。玛志尼欲建新国，而先倡新宗教。其“少年意大利”，实据宗教之地盘以筑造之者也。其所以团结而不涣、忍耐而不渝者，宗教思想为之也。加富尔之治国，首裁抑教权，然敌教会非敌教旨也，其迷信之力亦颇强，故不治产而以国为产，不娶妻而以国为妻，宗教思想为之也。格兰斯顿，十九世纪英国之杰物也，其迷信之深，殆绝前古[②]。其所以能坚持一主义，感动舆论、革新国是者，宗教思想为之也。其在日本，维新前诸人物，如大盐、中斋、横井、小楠之流，皆得力于禅学者也。西乡隆盛，其尤著也。其所以蹈白刃而不悔，前者仆后者继者，宗教思想为之也。其在我国，则近世哲学与宗教两者，皆销沉极焉。然若康南海，若谭浏阳，皆有得于佛学之人也。两先生之哲学，固未

---

① 其两思想并无之人虽尤多，然仅恃哲学以任者则殆绝也——作者原注。

② 格公每来复日必往礼拜堂，终身未尝间断。又格公尝与达尔文对谈，终日达娓娓语其生物学新理，格公若毫不领略其趣味者然——作者原注。

尝不戛戛独造，渊渊入微。至其所以能震撼宇宙，唤起全社会之风潮，则不恃哲学，而仍恃宗教思想之为之也。若是乎宗教思想之力，果如比其伟大而雄厚也。

哲学亦有两大派，曰唯物派，曰唯心派。唯物派只能造出学问，唯心派时亦能造出人物。故拿破仑、俾士麦，昔笃好斯宾挪莎之书，受其感化者不少焉。而俄罗斯虚无党人，亦崇拜黑智儿学说，等于日用饮食，夫斯黑二子之书，皆未尝言政治、言事功也，而其感染人若此，盖唯心哲学，亦殆近于宗教矣！吾昔读欧洲史，见其争自由而流血者，前后相接，数百年如一日，而其人物类皆出于宗教迷信。窃疑非以迷信之力，不能夺人生死之念，及考俄国虚无党历史，其人不信耶稣教者十而八九[①]。而何以能甘鼎镬如饴，无罣碍无恐怖若此？吾深求其故，而知彼有唯心派哲学以代之也。唯心哲学，亦宗教之类也，吾国之王学、唯心派也。苟学此而有得者，则其人必发强刚毅，而任事必加勇猛，观明末儒者之风节可见也。本朝二百余年，斯学销沉，而其支流超渡东海，遂成日本维新之治。是心学之为用也。心学者实宗教最上乘也。

夫宗教思想何以宜于治事，而哲学思想何以不宜[②]？吾

---

① 其首领女杰苏菲亚临刑时，教士持十字架为之祈祷，盖景教国国俗通例也。苏菲亚斥退之曰：吾不信耶教，毋以此相聒云云。他多类是——作者原注。

② 此指狭义之哲学，即唯心派以外之哲学也——作者原注。

深思之，得五因焉。

一曰：无宗教思想则无统一。今日世界众生，根器薄弱，未能有一切成佛之资格，未能达群龙无首之地位。故必赖有一物焉从而统一之，然后不至随意竞争。轶出范围之外，散漫而无所团结，统一之之具不一。而宗教其最要者也，故人人自由之中，而有一无形之物位于其上者，使其精神结集于一团，其遇有不可降之客气也，则此物足以降之；其遇有不可制之私欲也，则此物可以制之；其遇有不可平之党争也，则此物可以平之。若此者，莫善于宗教，宗教精神，一军队精神也。故在愈野蛮之国，则其所以统一民志者，愈不得不惟宗教是赖。使今日世界而已达文明极点也，则人人有自治力，诚无待于宗教，而无如今犹非其时也。故曰：无宗教思想则无统一。

二曰：无宗教思想则无希望。希望者，人道之粮也。人莫不有两境界，一曰现在界，二曰未来界。现在界属于实事，未来界属于希望。人必常有一希望焉，悬诸心目中，然后能发动其勇气而驱策之，以任一切之事。虽然，有一物焉，常与希望相缘，而最为希望之蠹者，曰“失望”。当希望时，其气盛数倍者，至失望时，其气沮亦数倍，故有形之希望，希望中之颇危险者也。若宗教则无形之希望也，此七尺之躯壳，此数十寒暑之生涯，至区区渺小不足道也。吾有灵魂焉，吾之大事业在彼不在此，故苦我者一时，而乐我者永劫。苦我者幻体，而乐我者法身。得此希望，则有安身立命之地。无论受何挫折，遇何烦恼，皆不至消沮，而其进益厉。苟不尔者，则一失意而颓然丧矣。故曰：无宗教思想则无希望。

三曰：无宗教思想则无解脱。人之所以不能成大业者，大率由为外境界之所束缚也。声焉，色焉，货利焉，妻孥焉，名誉焉，在在皆可沾恋。一有沾恋，则每遇一事之来也，虽认为责任之所不容诿，而于彼乎于此乎一一计度之，而曰如此且不利于吾名誉，则任事之心减三四焉矣；而曰如此且不利于吾声家，则任事之心减六七焉矣；而曰如此且不利于吾性命，则任事之心减八九焉矣。此所以知非艰而行惟艰也。宗教者，导人以解脱者也，此器世间者，业障之所成耳，此顽躯壳者，四大之所合耳。身且非我有，而身外之种种幻象，更何留恋焉！得此法门，则自在游行，无罣无碍，舍身救世，直行所无事矣。而不然者，虽日日强节之，而临事犹不能收其效也，故曰：无宗教思想则无解脱。

四曰：无宗教思想则无忌惮。孔子曰："小人而无忌惮也。"人至于无忌惮，而小人之量极矣。今世所谓识时俊杰者，口中摭拾一二新学名词，遂吐弃古来相传一切道德，谓为不足轻重，而于近哲所谓新道德者，亦未尝窥见其一指趾。自谓尽公德，吾未见其公德之有可表见，而私德则早已蔑弃矣。闻礼运大同之义，他无所得，而先已不亲其亲；读边沁功利之书，他无所思，而惟知自乐其乐；受斯密《原富》之编，不以之增公益，而以之殖私财；睹达尔文物竞之论，不以之结团体，而以之生内争；耳洛克康德意欲自由之论，则相率于踰闲荡检，而曰我天赋本权；睹加富尔、俾士麦外交应敌之策，则相竞于机械诡诈，而曰我办事手段。若此者，皆所谓无忌惮者也。夫在西国此等学说盛行而无流弊者，何也？有谨严迂腐之宗教以剂之也。泰西教义虽甚浅薄，然以末日审判天国在迩等论，日日相聒，犹能使一社会中中下之人物，各有所慑，而不敢决破藩篱[①]。虽然，此等教旨，与格致学理不相容，殆不可以久立，至如我佛业报之说，谓今之所造，即后之所承。一因一果之间，其应如响，其印如符。丝毫不能假借，此则无论据何学理，而决不能破之者也。苟有此思想，其又安敢放恣暴弃，造恶业于今日而收恶果于明日耶？孔子曰："狷者有所不为。"又曰："克己复礼为仁。"凡诸教门，无论大小，莫不有戒。戒也者，进民德之一最大法门也。吾视日本近三十年来，民智大进，而民德反下，其所以虽受西人之学而效不及彼者，其故可深长思矣。故曰：无宗教思想者无忌惮。

五曰：无宗教思想则无魄力。甚矣！人性之薄弱也。孔子曰："知及之，仁不能守之，若是者比比然矣。"故佛之说教也，曰"大雄"，曰"大无畏"，曰"奋迅勇猛"，曰"威

---

① 若上智则自能直受高义，不至有流弊——作者原注。

力”。括此数义，而取象于狮子。夫人之功以有畏者，何也？畏莫大于生死，有宗教思想者，则知无所谓生，无所谓死。死者死吾体魄中之铁，若余金类、木类、炭水粉、糖盐水，若余杂质、气质而已。而吾自有不死者存，曰灵魂。既常有不死者存，则死吾奚畏。死且不畏，余更何有？故真有得于大宗教、良宗教之思想者，未有不震动奋厉而雄强刚猛者也。若哲学家不然，其用算学也极精，其用名学也极精，目前利害，剖析毫厘。夫夫下安有纯利而无害之事，千钧之机，阁以一沙，则不能动焉。哲学家往往持此说，三思四思五六思，而天下无一可办之事矣。故曰：无宗教思想则无魄力。

要而论之，哲学贵疑，宗教贵信。信有正信、有迷信。勿论其正也、迷也，苟既信矣，则必至诚，至诚则能任重，能致远，能感人，能动物。故寻常人所以能为一乡一邑之善士也，常赖宗教。大人物所以能为惊天动地之事业者，亦常赖宗教。仰人之至诚，非必待宗教而始有也。然往往待宗教而始动，且得宗教思想而益增其力，宗教其顾可蔑乎？记曰：“至诚而不动者，未之有也。”为有宗教思想者言也，又曰：“不诚，未有能动者也。”为无宗教思想者言也。

曰：“然则宗教长而哲学短，宗教得而哲学失乎？”曰：“又不然，宗教家言，所以立身也，所以治事也，而非所以讲学。何以故？宗教与迷信常相为缘故。一有迷信，则真理必掩于半面，迷信相续，则人智遂不可得进，世运遂不可得进，故言学术者，不得不与迷信为敌，敌迷信则不得不并其所缘之宗教而敌之。故一国之中，不可无信仰宗教之人，亦不可无摧坏宗教之人。生计学公例，功愈分而治愈进焉。不必以操术之殊而相非也。

虽然，摧坏宗教之迷信可也。摧坏宗教之道德不可也。道德者天下之公，而非一教门之所能专有也。苟摧坏道德矣，则无忌惮之小人，固非宗教，而又岂足以自附于哲学之林哉！”

曰：“天下之宗教多矣，吾谁适从？”曰：“宗教家言，皆应于众生根器而说法也，故时时不同，地地不同，一时一地，亦复人人不同。召闻某教之言而生感者，即吾应以某某为得度也。故今日文明国最重信教自由，吾乌敢而限之。且吾今之言，言宗教也，非官司教学也。若言奔教学，则固有优劣高下之可言。今以之立身，以之治事，则不视其教之优劣高下何如，而视其至诚所感所寄之程度何如。虽劣下如袁了凡之宗教，有时亦能产人物。他无论也，若夫以宗教学言，则横尽虚空，竖足来劫，取一切众生而度尽之者，佛其至矣！佛其至矣！”

凡迷信宗教者必至诚，而至诚不必尽出于迷信宗教。至诚之发，有诚于善者，亦有诚于恶者。但使既诚矣，则无论于善于恶，而其力量常过于寻常人数倍。至诚与发狂二者之界线，相去一秒黍耳。故其举动之奇警也，猛烈也，坚忍也，锐入也。常有为他人之所不能喻者。以为彼何苦如是，其至诚之恶焉者，如至诚于色而为情死，至诚于货而攫市金。其善焉者，如至诚于孝而割股，至诚于忠而漆身。至诚于国、至诚于道而流血成仁。若此者皆不诚之人所百思不得其解者也。故天地间有一无二之人物，天地间可一不可再之事业，罔不出于至诚，知此义者可以论宗教矣。

论政府与人民之权限

（1902 年 3 月 10 日）

天下未有无人民而可称之为国家者，亦未有无政府而可称之为国家者，政府与人民，皆构造国家之要具也。故谓政府为人民所有也不可，谓人民为政府所有也尤不可，盖政府、人民之上，别有所谓人格[①]之国家者，以团之统之。国家握独一最高之主权，而政府、人民皆生息于其下者也。重视人民者，谓国家不过人民之结集体，国家之主权，即在个人[②]。其说之极端，使人民之权无限，其弊也，陷于无政府党，率国民而复归于野蛮。重视政府者，谓政府者国家之代表也，活用国家之意志，而使现诸实者也。故国家之主权，即在政

---

① 人格之义屡见别篇——作者原注。

② 谓一个人也——作者原注。

府。其说之极端，使政府之权无限，其弊也，陷于专制主义，困国民永不得进于文明。故构成一完全至善之国家。必以明政府与人民之权限为第一义。

因人民之权无限以害及国家者，泰西近世，间或有之，如十八世纪末德国革命之初期是也。虽然，此其事甚罕见，而纵观数千年之史乘，大率由政府滥用权限，侵越其民，以致衰致乱者，殆十而八九焉。若中国又其尤甚者也。故本论之宗旨，以政府对人民之权限为主眼，以人民对政府之权限为附庸。

政府之所以成立，其原理何在乎？曰：在民约①。人非群则不能使内界发达，人非群则不能与外界竞争，故一面为独立自营之个人，一面为通力合作之群体②。此天演之公例，不得不然者也。既为群矣，则一群之务，不可不共任其责固也。虽然，人人皆费其时与力于群务，则其自营之道，必有所不及。民乃相语曰：吾方为农，吾方为工，吾方为商，吾方为学，无暇日无余力以治群事也，吾无宁于吾群中选若干

---

① 民约之义，法国硕儒卢梭倡之，近儒每驳其误，但谓此义为反于国家起原之历史则可，谓其谬于国家成立之原理则不可。虽憎卢梭者，亦无以难也——作者原注。

② 或言由独立自营进为通力合作，此语于论理上有缺点。盖人者，能群之动物，自最初即有群性，非待国群成立之后而始通合也。既通合之后，仍常有独立自营者存，其独性不消灭也。故随独随群，即群即独，人之所以贵于万物也——作者原注。

人而一以托之焉，斯则政府之义也。政府者，代民以任群治者也，故欲求政府所当尽之义务，与其所应得之权利，皆不可不以此原理为断。

然则政府之正鹄在乎？曰：在公益。公益之道不一，要以能发达于内界而竞争于外界为归。故事有一人之力所不能为者，则政府任之；有一人之举动妨及他人者，则政府弹压之。政府之义务虽千端万绪，要可括以两言：一曰助人民自营力所不逮，二曰防人民自由权之被侵而已。率由是而纲维是，此政府之所以可贵也。苟不尔尔，则有政府如无政府，又其甚者，非惟不能助民自营力而反窒之，非惟不能保民自由权而又自侵之，则有政府或不如其无政府。数千年来，民生之所以多艰，而政府所以不能与天地长久者，皆此之由。

政府之正鹄不变者也，至其权限则随民族文野之差而变，变而务适合于其时之正鹄。譬诸父兄之于子弟，以导之使成完人为正鹄。当其孩幼也，父兄之权限极大，一言一动，一饮一食，皆干涉之，盖非是则不能使之成长也。子弟之智德才力，随年而加，则父兄之干涉范围，随年而减。使在弱冠强仕之年，而父母犹待以乳哺孩抱时之资格，一一干涉之，则于其子弟成立之前途，必有大害。夫人而知矣，国民亦然。当人群幼稚时代，其民之力未能自营，非有以督之，则散漫无纪，而利用厚生之道不兴也；其民之德未能自治，非有以钳之，则互相侵越，而欺凌杀夺之祸无穷也。当其时也，政府之权限不可不强且大。及其由拨乱而进升平也，民既能自营矣，自治矣，而犹欲以野蛮时代政府之权以待之，则其俗强武者，必将愤激思乱，使政府岌岌不可终日；其俗柔懦者，必将消缩萎败，毫无生气，而他群且乘之而权其权、地其地、奴其民，而政府亦随以成灰烬。故政府之权限，与人民之进化成反比例，此日张则彼日缩，而其缩之，乃正所以张之也，何也？政府依人民之富以为富，依人民之强以为强，依人民之利以为利，依人民之权以为权，彼文明国政府，对于其本国人民之权，虽日有让步，然与野蛮国之政府比较，其尊严荣光，则过之万万也。今地球中除棕、黑、红三蛮种外，大率皆开化之民矣。然则其政府之权限当如何？曰：凡人民之行事，有侵他人之自由权者，则政府干涉之，苟非尔者，则一任民之自由，政府宜勿过问也。所谓侵人自由者有两种：一曰侵一人之自由者，二曰侵公众之自由者。侵一人自由者，以私法制裁之；侵公众自由者，以公法制裁之。私法、公法，皆以一国之主权而制定者也[①]，而率行之者则政府也。最文明之国民，能自立法而自守之，其侵人自由者益希，故政府制裁之事，用力更少。史称尧舜无为而治，若今日立宪国之政府，真所谓无为而治也。不然者，政府方日禁人民之互侵自由，而政府先自侵人民之自由，是政府自己蹈天下第一大

① 主权或在君，或在民，或君民皆同有，以其国体何所属而生差别——作者原注。

罪恶[①]。而欲以令于民，何可得也！且人民之互相侵也，有裁制之者；而政府之侵民也，无裁制之者，是人民之罪恶可望日减，而政府之罪恶且将日增也。故定政府之权限，非徒为人民之利益，而实为政府之利益也。

英儒约翰·弥儿所著《自由原理》（John Stuart Mill, *On Liberty*）有云：

> 纵观往古希腊、罗马、英国之史册，人民常与政府争权。其君主或由世袭，或由征服，据政府之权势，其所施行。不特不从人民所好而已，且压抑之蹂躏之。民不堪命，于是爱国之义士出，以谓人民之不宁，由于君权之无限，然后自由之义乃昌。人民所以保其自由者，不出二法：一曰限定宰治之权，与君主约，而得其承诺，此后君主若背弃之，则为违约失职，人民出其力以相抵抗，不得目为叛逆是也；二曰人民得各出己意，表之于言论，著之于律令，以保障全体之利益是也。此第一法，欧洲各国久已行之；第二法，则近今始发达，亦渐有披靡全地之势矣。
>
> 或者曰：在昔专制政行，君主知有己不知有民，则限制其权，诚非得已。今者民政渐昌，一国之元首[②]，

① 西哲常言：天下罪恶之大，未有过于侵人自由权者——作者原注。

② 元首者，兼君主国之君主、民主国之大统领而言——作者原注。

殆皆由人民公选而推戴之者，可以使之欲民所欲而利民所利，暴虐之事，当可不起。然则虽不为限制亦可乎？曰：是不然，虽民政之国，苟其政府权限不定，则人民终不得自由，何也？民政之国，虽云人皆自治而非治于人，其实决不然。一国之中，非能人人皆有行政权。必有治者与被治者之分。其所施政令，虽云从民所欲，然所谓民欲者，非能全国人之所同欲也，实则其多数者之所欲而已①。苟无限制，则多数之一半，必压抑少数之一半，彼少数势弱之人民，行将失其自由，而此多数之专制，比于君主之专制，其害时有更甚者。故政府与人民之权限，无论何种政体之国，皆不可不明辨者也。

由此观之，虽在民权极盛之国，而权限之不容已，犹且若是，况于民治未开者耶？记不云乎："天生民而立之君，使司牧之。"岂其使一人肆于民上也？故文明之国家，无一人可以肆焉者，民也如是，君也如是，少数也如是，多数也如是，何也？人各有权，权各有限也。权限云者，所以限人不使滥用其自由也。滥用其自由，必侵人自由，是谓野蛮之

---

① 按：民政国必有政党，其党能在议院占多数者，即握政府之权，故政治者，实从国民多数之所欲也。往昔政学家谓政治当以求国民全体之幸福为正鹄，至硕儒边沁，始改称以最大多数之最大幸福为正鹄，盖其事势之究竟，仅能如是也——作者原注。

自由；无一人能滥用其自由，则人人皆得全其自由，是谓文明之自由。非得文明之自由，则国家未有能成立者也。

中国先哲言仁政，泰西近儒倡自由，此两者其形质同而精神迥异，其精神异而正鹄仍同，何也？仁政必言保民，必言牧民，牧之保之云者，其权无限也，故言仁政者，只能论其当如是，而无术以使之必如是。虽以孔孟之至圣大贤，哓音瘏口以道之，而不能禁二千年来暴君贼臣之继出踵起，鱼肉我民，何也？治人者有权，而治于人者无权，其施仁也，常有鞭长莫及、有名无实之忧，且不移时而熄焉；其行暴也，穷凶极恶，无从限制，流毒及全国，亘百年而未有艾也。圣君贤相，即已千载不一遇，故治日常少而乱日常多。若夫贵自由定权限者，一国之事，其责任不专在一二人，分功而事易举，其有善政，莫不遍及，欲行暴者，随时随事，皆有所牵制，非惟不敢，抑亦不能，以故一治而不复乱也。是故言政府与人民之权限者，谓政府与人民立于平等之地位，相约而定其界也，非谓政府界民以权也①。赵孟之所贵，赵孟能贱之，政府若能界民权，则亦能夺民权，吾所谓形质同而精神迥异者此也。然则吾先圣昔贤所垂训，竟不及泰西之唾余乎？是又不然，彼其时不同也。吾固言政府之权限，因其人民文野之程度以为比例差。当二千年前，正人群进化第一期，

① 凡人必自有此物，然后可以界人，民权者非政府自有也，何从界之？孟子曰：“天子不能以天下与人。”亦以天下非天子所能有故也——作者原注。

如扶床之童，事事皆须借父兄之顾复，故孔孟以仁政为独一无二之大义，彼其时政府所应有之权，与其所应尽之责任，固当如是也。政治之正鹄，在公益而已。今以自由为公益之本，昔以仁政为公益之门，所谓精神异而正鹄仍同者此也。但我辈既生于今日，经二千年之涵濡进步，俨然弃童心而为成人，脱蛮俗以进文界矣，岂可不求自养自治之道，而犹学呱呱小儿，仰哺于保姆耶？抑有政府之权者，又岂可终以我民为弄儿也？权限乎？建国之本，太平之原，舍是曷由哉！

保教非所以尊孔论

(1902年2月22日)

此篇与著者数年前之论相反对，所谓我操我矛以伐我者也。今是昨非，不敢自默。其为思想之进步乎，抑退步乎？吾欲以读者思想之进退决之。

绪　论

近十年来，忧世之士，往往揭三色旗帜以疾走号呼于国中，曰保国，曰保种，曰保教。其陈义不可谓不高，其用心不可谓不苦。若不佞者，亦此旗下之一小卒徒也。虽然，以今日之脑力眼力，观察大局，窃以为我辈自今以往，所当努力者，惟保国而已，若种与教，非所亟亟也。何则？彼所云保种者，保黄种乎？保华种乎？其界限颇不分明。若云保黄种也，彼日本亦黄种，今且浡然兴矣，岂其待我保之；若云保华种也，吾华四万万人，居全球人数三分之一，即为奴隶为牛马，亦未见其能灭绝也。国能保则种自莫强，国不存则虽保此奴隶牛马，使孳生十倍于今日，亦奚益也。故保种之事，即纳入于保国之范围中，不能别立名号者也。至倡保教之议者，其所蔽有数端：一曰不知孔子之真相，二曰不知宗教之界说，三曰不知今后宗教势力之迁移，四曰不知列国政治与宗教之关系。今试一一条论之。

第一　论教非人力所能保

教与国不同。国者积民而成，舍民之外更无国，故国必恃人力以保之。教则不然。教也者，保人而非保于人者也。以优胜劣败之公例推之，使其教而良也，其必能战胜外道，愈磨而愈莹，愈压而愈伸，愈束而愈远，其中自有所谓有一种烟士披里纯（Inspiration）者，以嘘吸之脑识，使这不得不从我，岂其俟人保之。使其否也，则如波斯之火教，印度之婆罗门教，阿剌伯之回回教，虽一时借人力以达于极盛，其终不能存于此文明世界，无可疑也。此不必保之说也。抑保之云者，必其保之者之智慧能力，远过于其所保者，若慈父母之保赤子，专制英主之保民是也。（保国不在此数。国者无意识者也，保国实人人之自保耳。）彼教主者，不世出之圣贤豪杰，而人类之导师也。吾辈自问其智慧能力，视教主何如？而漫曰保之保之，何其狂妄耶！毋乃自信力太大，而亵教主耶？此不当保之说也。然则所谓保教者，其名号先不合于论理，其不能成立也固宜。

第二　论孔教之性质与群教不同

今之持保教论者，闻西人之言曰，支那无宗教，辄怫然怒形于色，以为是诬我也，是侮我也。此由不知宗教之为何物也。西人所谓宗教者，专指迷信宗仰而言，其权力范围乃在躯壳界之外，以灵魂为根据，以礼拜为仪式，以脱离尘世为目的，以涅槃天国为究竟，以来世祸福为法门。诸教虽有精粗大小之不同，而其概则一也。故奉其教者，莫要于起信，（耶教受洗时，必通所谓十信经者，即信耶稣种种奇迹是也。佛教有起信论。）莫急于伏魔。起信者，禁人之怀疑，窒人思想自由也；伏魔者，持门户以排外也。故宗教者非使人进步之具也，于人群进化之第一期，虽有大功德，其第二期以后，则或不足以偿其弊也。孔子则不然，其所教者，专在世界国家之事，伦理道德之原，无迷信，无礼拜，不禁怀疑，不仇外道，孔教所以特异于群教者在是。质而言之，孔子者哲学家、经世家、教育家，而非宗教家也。西人常以孔子与梭格拉底并称，而不以之与释迦、耶稣、摩诃末并称，诚得其真也。夫不为宗教家，何损于孔子！孔子曰："未能事人，焉能事鬼；未知生，焉知死。""子不语怪力乱神。"盖孔子立教之根柢，全与西方教主不同。吾非必欲抑群教以扬孔子，但孔教虽能有他教之势力，而亦不至有他教之流弊也。然则以吾中国人物论之，若张道陵（即今所谓张天师之初祖也）可谓之宗教家，若袁了凡（专提倡《太上感应篇》《文昌帝君阴骘文》者）可谓之宗教家，（宗教有大小，有善恶。埃及之拜物教，波斯之拜火教，可谓之宗教，则张、袁不可不谓之宗教。）而孔子则不可谓之宗教家。宗教之性质，如是如是。

持保教论者，辄欲设教会，立教堂，定礼拜之仪式，著信仰之规条，事事摹仿佛、耶，惟恐不肖。此靡论其不能成也，即使能之，而诬孔子不已甚耶！孔子未尝如耶稣之自号化身帝子，孔子未尝如佛之自称统属天龙，孔子未尝使人于吾言之外皆不可信，于吾教之外皆不可从。孔子，人也，先圣也，先师也，非天也，非鬼也，非神也。强孔子以学佛、耶，以是云保，则所保者必非孔教矣。无他，误解宗教之界说，而艳羡人以忘我本来也。

第三　论今后宗教势力衰颓之征

保教之论何自起乎？惧耶教之侵入，而思所以抵制之也。吾以为此之为虑，亦已过矣。彼宗教者，与人群进化第二期之文明不能相容者也。科学之力日盛，则迷信之力日衰；自由之界日张，则神权之界日缩。今日耶稣教势力之在欧洲，其视数百年前，不过十之一二耳。昔者各国君主，皆仰教皇之加冕以为尊荣，今则帝制自为也；昔者教皇拥罗马之天府，指挥全欧，今则作寓公于意大利也；昔者牧师、神父，皆有特权，今则不许参与政治也。此其在政界既有然矣。其在学界，昔者教育之事，全权属于教会，今则改归国家也。歌白尼等之天文学兴，而教会多一敌国；达尔文等进化论兴，而教会又多一敌国。虽竭全力以挤排之，终不可得，而至今不得不迁就其说，变其面目以弥缝一时也。若是乎耶稣教之前途可以知矣。彼其取精多，用物宏，诚有所谓百足之虫，至死不僵者，以千数百年之势力，必非遽消磨于一旦，固于待言。但自今以往，耶稣教即能保其余烬，而亦必非数百年前之面目，可断言也。而我今日乃欲摹其就衰之仪式，为效颦学步之下策，其毋乃可不必乎！

或曰：彼教虽寖衰于欧洲，而寖盛于中国，吾安可以不抵制之？是亦不然。耶教之入中国也有两目的：一曰真传教者，二曰各国政府利用之以侵我权利者。中国人之入耶教也亦有两种类：一曰真信教者，二曰利用外国教士以抗官吏武断乡曲者。彼其真传教、真信教者，则何害于中国。耶教之所长，又安可诬也。吾中国汪汪若千顷之波，佛教纳之，回教纳之，乃至张道陵、袁了凡之教亦纳之，而岂具有靳于一耶稣？且耶教之入我国数百年矣，而上流人士从之者稀，其力之必不足以易我国明矣，而畏之如虎，何为者也？至各国政府与乡里莠民之利用此教以侵我主权，挠我政治，此又必非开孔子会、倡言保教之遂能抵抗也。但使政事修明，国能自立，则学格兰斯顿之予爱兰教会以平权可也，学俾斯麦、嘉富尔教之予山外教徒以限制亦可也，主权在我，谁能侵之！故彼之持保教抵制之说者，吾见其进退无据也。

第四　论法律上信教自由之理

彼持保教论者，自谓所见加流俗人一等，而不知与近世文明法律之精神，适相刺谬也。今此论固不过一空言耳，且使其论日盛，而论者握一国之主权，安保其不实行所怀抱，而设立所谓国教以强民使从者？果尔，则吾国将自此多事矣。彼欧洲以宗教门户之故，战争数百年，流血数十万，至今读史，犹使人毛悚股栗焉。几经讨论，几经迁就，始以信教自由之条，著诸国宪，至于今日，各国莫不然，而争教之祸亦几熄矣。夫信教自由之理，一以使国民品性趋于高尚，（若特立国教，非奉此者不能享完全之权利，则国民或有心信他教，而为事势所迫，强自欺以相从者，是国家导民以弃其信德也。信教自由之理论，此为最要。）一以使国家团体归于统一，（昔者信教自由之法未立，国中有两教门以上者，恒相水火。）而其尤要者，在画定政治与宗教之权限，使不相侵越也。政治属世间法，宗教属出世法。教会不能以其权侵政府，固无论矣，而政府亦不能滥用其权以干预国民之心魂也。（自由之理：凡一人之言论、行事、思想，不至有害于他人之自由权者，则政府不得干涉之。我欲信保教，其利害皆我自受之，无损于人者也，故他人与政府皆不得干预。）故此法行而治化大进焉。吾中国历史有独优于他国者一事，即数千年无争教之祸是也。彼欧洲数百年之政治家，其心血手段，半耗费于调和宗教恢复政权之一事，其陈迹之在近世史者，班班可考也。吾中国幸而无此轇轕，是即孔子所以贻吾侪以天幸也。而今更欲循泰西之复辙以造此界限何也？今之持保教论者，其力固不能使自今以往，耶教不入中国。昔犹孔自孔，耶自耶，各行其自由，耦俱而无猜，无端而画鸿沟焉，树门墙焉，两者日相水火，而教争乃起，而政争亦将随之而起。是为国民分裂之厉阶也。言保教者不可不深长思也。

第五　论保教之说束缚国民思想

文明之所以进，其原因不一端，而思想自由，其总因也。欧洲之所以有今日，皆由十四五世纪时，古学复兴，脱教会之樊篱，一洗思想界之奴性，其进步乃沛乎莫能御，此稍治史学者所能知矣。我中国学界之光明，人物之伟大，莫盛于战国，盖思想自由之明效也。及秦始皇焚百家之语，坑方术之士，而思想一窒；及汉武帝表章六艺，罢黜百家，凡不在六艺之科者绝勿进，而思想又一窒。自汉以来，号称行孔子教二千余年于兹矣，百皆持所谓表章某某、罢黜某某者，以为一贯之精神，故正学异端有争，今学古学有争。言考据则争师法，言性理则争道统，各自以为孔教，而排斥他人以为非孔教，于是孔教之范围益日缩日小。寖假而孔子变为董江都、何邵公矣，寖假而孔子变为马季长、郑康成矣，寖假而孔子变为韩昌黎、欧阳永叔矣，寖假而孔子变为程伊川、朱晦庵矣，寖假而孔子变为陆象山、王阳明矣，寖假而孔子变为纪晓岚、阮芸台矣。皆由思想束缚于一点，不能自开生面，如群妪得一果，跳掷以相攫，如群妪得一钱，诟骂以相夺，其情状抑何可怜哉！夫天地大矣，学界广矣，谁亦能限公等之所至，而公等果行为者？无他，暖暖姝姝，守一先生之言，其有稍在此范围外者，非惟不敢言之，抑亦不敢思之，此二千年来保教党所成就之结果也。曾是孔子而乃如是乎？孔子作《春秋》，进退三代，是正百王，乃至非常异义可怪之论，阐溢于编中。孔子之所以为孔子，正以其思想之自由也。而自命为孔子徒者，乃反其精神而用之，此岂孔子之罪也？呜呼，居今日诸学日新、思潮横溢之时代，而犹以保教为尊孔子，斯亦不可以已乎！

抑今日之言保教者，其道亦稍异于昔。彼欲广孔教之范围也，于是取近世之新学新理以缘附之，曰某某者孔子所已知也，某某者孔子所曾言也。其一片苦心，吾亦敬之，而惜其重诬孔子而益阻人思想自由之路也。夫孔子生于二千年以前，其不能尽知二千年以后之事理学说，何足以为孔子损！梭格拉底未尝坐轮船，而造轮船者不得不尊梭格拉底；阿里士多德未尝用电线，而创电线者不敢非薄阿里士多德；此理势所当然也。以孔子圣智，其所见与今日新学新理相暗合者必多多，此奚待言。若必一一而比附之纳入之，然则非以此新学新理厘然有当于吾心而从之也，不过以其暗合于我孔子而从之耳。是所爱者仍在孔子，非在真理也。万一遍索之于四书、六经，而终无可比附者，则将明知为铁案不易之真理，而亦不敢从矣；万一吾所比附者，有人从而剔之，曰孔子不如是，斯亦不敢不弃之矣。若是乎真理之终不能饷遗我国民也。故吾最恶乎舞文贱儒，动以西学缘附中学者，以其名为开新，实则保守，煽思想界之奴性而滋益之也。我有耳目，我有心思，生今日文明灿烂之世界，罗列中外古今之学术，坐于堂上而判其曲直，可者取之，否者弃之，斯宁非丈夫第一快意事耶！必以古人为虾，而自为其水母，而公等果胡为者？然则以此术保教者，非诬则愚，要之决无益于国民可断言也！

第六　论保教之说有妨外交

保教妨思想自由，是本论之最大目的也。其次焉者，曰有妨外交。中国今当积弱之时，又值外人利用教会之际，而国民又夙有仇教之性质，故自天津教案以迄义和团，数十年中，种种外交上至艰极险之问题，起于民教相争者殆十七八焉。虽然，皆不过无知小民之起衅焉耳。今也博学多识之士大夫，高树其帜曰保教保教，则其所著论演说，皆不可不昌言何以必要何教之故，则其痛诋耶教必矣。夫相争必多溢恶之言，保无有抑扬其词，文致其说，以耸听者，是恐小民仇教之不力而更扬其波也。吾之为此言，吾非劝国民以媚外人也，但举一事必计其有利无利，有害无害，并其利害之轻重而权衡之。今孔教之存与不存，非一保所能致也；耶教之入与不入，非一保所能拒也；其利之不可凭也如此。而万一以我之叫嚣，引起他人之叫嚣，他日更有如天津之案，以一教堂而索知府、知县之头；如胶州之案，以两教士而失百里之地，丧一省之权；如义和之案，以数十西人之命，而动十一国之兵，偿五万万之币者；则为国家忧，正复何如？呜呼！天下事作始也简，将毕也巨。持保教论者，勿以我为杞人也。

第七　论孔教无可亡之理

虽然，保教党之用心，吾固深谅之而深敬之。彼其爱孔教也甚，愈益爱之，则愈忧之，惧其将亡也，故不复权利害，不复揣力量，而欲出移山填海之精神以保之。顾吾以为抱此隐忧者，乃真杞人也。孔教者，悬日月，塞天地，而万古不能灭者也。他教惟以仪式为重也，故自由昌而仪式亡；惟以迷信为归也，故真理明而迷信替。其与将来之文明决不相容，天演之公例则然也。孔教乃异是，其所教者，人之何以为人也，人群之何以为群也，国家之何以为国也。凡此者，文明愈进，则其研究之也愈要。近世大教育家多倡人格教育之论。人格教育者何？考求人之所以为人之资格，而教育少年，使之备有此格也。东西古今之圣哲，其所言合于人格者不一，而最多者莫如孔子。孔子实于将来世界德育之林，占一最重要之位置，此吾所敢豫言也。夫孔子所望于我辈者，非欲我辈呼之为救主，礼之为世尊也。今以他人有救主、世尊之名号，而我无之，遂相惊以孔教之将亡，是乌得为知孔子矣乎！夫梭格拉底、亚里士多德之不逮孔子也亦远矣，而梭氏、亚氏之教，犹愈久而愈章，曾是孔子而顾惧是乎！吾敢断言曰：世界若无政治、无教育、无哲学，则孔教亡。苟有此三者，孔教之光大，正未艾也！持保教论者，盍高枕而卧矣。

第八　论当采群教之所长以光大孔教

吾之所以忠于孔教者，则别有在矣。曰：毋立一我教之界限，而辟其门，而恢其域，损群教而入之，以增长荣卫我孔子是也。彼佛教、耶教、回教，乃至古今各种之宗教，皆无可以容纳他教教义之量。何也？彼其以起信为本，以伏魔为用，从之者殆如妇人之不得事二夫焉。故佛曰：天上地下，唯我独尊。耶曰：独一无二，上帝真子。其范围皆有一定，而不能增减者也。孔子则不然，鄙夫可以竭两端，三人可以得我师，盖孔教之精神，非专制的而自由的也。我辈诚尊孔子，则宜直接其精神，毋拘墟其形迹。孔子之立教，对二千年前之人而言者也，对一统闭关之中国人而言之也，其通义之万世不易者固多，其别义之与时推移者亦不少。孟子不云乎："孔子，圣之时者也。"使孔子而生于今日，吾知其教义之必更有所损益也。今我国民非能为春秋战国时代之人也，而已为二十世纪之人，非徒为一乡一国之人，而将为世界之人，则所以师孔子之意而受孔子之赐者必有在矣。

故如佛教之博爱也，大无畏也，勘破生死也，普度众生也，耶教之平等也，视敌如友也，杀身为民也，此其义虽孔教固有之，吾采其尤博深切明者以相发明；其或未有者，吾急取而尽怀之，不敢廉也；其或相反百彼为优者，吾舍已以从之，不必吝也。又不惟于诸宗教为然耳，即古代希腊、近世欧美诸哲之学说，何一不可以兼容而并包之者！若是于孔教为益乎，为损乎？不等智者而决也。夫孔子特自异于狭隘之群教，而为我辈遵孔教者开此法门，我辈所当自喜而不可辜此天幸者也。大哉孔子，大哉孔子！海阔从鱼跃，天空任鸟飞，以是尊孔，而孔之真乃见；以是演孔，而孔之统乃长。又何必鳃鳃然猥自贬损，树一门，划一沟，而曰保教保教为也！

结论

嗟乎嗟乎，区区小子，昔也为保教党之骁将，今也为保教党之大敌。嗟我先辈，嗟我故人，得毋有恶其反覆，诮其模棱，而以为区区罪者。虽然，吾爱孔子，吾尤爱真理！吾爱先辈，吾尤爱国家！吾爱故人，吾尤爱自由！吾又知孔子之爱真理，先辈、故人之爱国家、爱自由，更有甚于吾者也。吾以是自信，吾以是忏悔。为二千年来翻案，吾所不惜；与四万万人挑战，吾所不惧。吾以是报孔子之恩我，吾以是报群教主之恩我，吾以是报我国民之恩我。

论小说与群治之关系

（1902 年 11 月 14 日）

欲新一国之民，不可不先新一国之小说。故欲新道德，必新小说；欲新宗教，必新小说；欲新政治，必新小说；欲新风俗，必新小说；欲新学艺，必新小说；乃至欲新人心，欲新人格，必新小说。何以故？小说有不可思议之力支配人道故。

吾今且发一问：人类之普通性，何以嗜他书不如其嗜小说？答者必曰：以其浅而易解故，以其乐而多趣故。是固然。虽然，未足以尽其情也。文之浅而易解者，不必小说，寻常妇孺之函札，官样之文牍，亦非有艰深难读者存也，顾谁则嗜之？不宁惟是，彼高才赡学之士，能读坟典索邱，能注虫鱼草木，彼其视渊古之文与平易之文，应无所择，而何以独嗜小说？是第一说有所未尽也。小说之以赏心乐事为目的者固多，然此等顾不甚为世所重，其最受欢迎者，则必其可惊可愕可悲可感，读之而生出无量噩梦，抹出无量眼泪者也。夫使以欲乐故而嗜此也，而何为偏取此反比例之物而自苦也？是第二说有所未尽也。吾冥思之，穷鞫之，殆有两因：凡人之性，常非能以现境界而自满足者也，而此蠢蠢躯壳，其所能触能受之境界，又顽狭短局而至有限也；故常欲于其直接以触以受之外，而间接有所触有所受，所谓身外之身、世界外之世界也。此等识想，不独利根众生有之，即钝根众生亦有焉。而导其根器使日趋于钝，日趋于利者，其力量无大于小说。小说者，常导人游于他境界，而变换其常触常受之空气者也。此其一。人之恒情，于其所怀抱之想象，所经阅之境界，往往有行之不知、习矣不察者。无论为哀、为乐、为怨、为怒、为恋、为骇、为忧、为惭，常若知其然而不知其所以然；教摹写其情状，而心不能自喻，口不能自宣，笔不能自传。有人焉，和蠢托出，彻底而发露之，则拍案叫绝曰：善哉善哉！如是如是！所谓"夫子言之，于我心有戚戚焉。"感人之深，莫此为甚。此其二。此二者实文章之真谛，笔舌之能事。苟能批此窾、导此窍，则无论为何等之文，皆足以移人。而诸文之中能极其妙而神其技者，莫小说若。故曰：小说为文学之最上乘也！由前之说，则理想派小说尚焉；由后之说，则写实派小说尚焉。小说种目虽多，未有能出此两派范围外者也。

抑小说之支配人道也，复有四种力：一曰熏，熏也者，如入云烟中而为其所烘，如近墨朱处而为其所染，《楞伽经》所谓“迷智为识，转识成智”者，皆恃此力。人之读一小说也，不知不觉之间，而眼识为之迷漾，而脑筋为之摇扬，而神经为之营注，今日变一二焉，明日变一二焉，刹那刹那，相断相续，久之而此小说之境界，遂入其灵台而据之，成为一特别之原质之种子。有此种子故，他日又更有所触所受者，旦旦而熏之，种子愈盛，而又以之熏他人，故此种子遂可以遍世界。一切器世间、有情世间之所以成、所以住，皆此为因缘也。而小说则巍巍焉具此威德以操纵众生者也。二曰浸，熏以空间言，故其力之大小，存其界之广狭；浸以时间言，故其力之大小，存其界之长短。浸也者，入而与之俱化者也。人之读小说也，往往既终卷后数日或数旬而终不能释然。读《红楼》竟者，必有余恋，有余悲；读《水浒》竟者，必有余快，有余怒，何也？浸之力使然也。等是佳作也，而其卷帙愈繁、事实愈多者，则其浸人也亦愈甚！如酒焉，作十日饮，则作百日醉。我佛从菩提树下起，便说偌大一部《华严》，正以此也。三曰刺，刺也者，刺激之义也。熏、浸之力，利用渐；刺之力，利用顿。熏、浸之力，在使感受者不觉；刺之力，在使感受者骤觉。刺也者，能入于一刹那顷忽起异感而不能自制者也。我本蔼然和也，乃读林冲雪天三限、武松飞云浦厄，何以忽然发指？我本愉然乐也，乃读晴雯出大观园、黛玉死潇湘馆，何以忽然泪流？我本肃然庄也，乃读实甫之《琴心》《酬简》，东塘之《眠香》《访翠》，何以忽然情动？若是者，皆所谓刺激也。大抵脑筋愈敏之人，则其受刺激力也愈速且剧。而要之必以其书所含刺激力之大小为比例。禅宗之一棒一喝，皆利用此刺激力以度人者也。此力之为用也，文字不如语言。然语言力所被，不能广、不能久也，于是不得不乞灵于文字。在文字中，则文言不如其俗语，庄论不如其寓言，故具此力最大者，非小说末由！四曰提，前三者之力，自外而灌之使入；提之力，自内而脱之使出，实佛法之最上乘也。凡读小说者，必常若自化其身焉，入于书中，而为其书之主人翁。读《野叟曝言》者，必自拟文素臣；读《石头记》者，必自拟贾宝玉；读《花月痕》者，必自拟韩荷生若韦痴珠；读梁山泊者，必自拟黑旋风若花和尚，虽读者自辩其无是心焉，吾不信也。夫既化其身以入书中矣，则当其读此书时，此身已非我有，截然去此界以入于彼界，所谓华严楼阁，帝网重重，一毛孔中万亿莲花，一弹指顷百千浩劫，文字移人，至此而极！然则吾书中主人翁而华盛顿，则读者将化身为华盛顿；主人翁而拿破仑，则读者将化身为拿破仑；主人翁而释迦、孔子，则读者将化身为释迦、孔子，有断然也。度世之不二法门，岂有过此？此四力者，可以卢牟一世，亭毒群伦，教主之所以能立教门，政治家所以能组织政党，莫不赖是。文家能得其一，则为文豪；能兼其四，则为文圣。有此四力而用之于善，则可以福亿兆人；有此四力而用之于恶，则可以毒万千载。而此四力所以最易寄者惟小说。可爱哉小说！可畏哉小说！

小说之为体，其易入人也既如彼，其为用之易感人也又如此，故人类之普通性，嗜他文不如其嗜小说，此殆心理学自然之作用，非人力之所得而易也。此又天下万国凡有血气者莫不皆然，非直吾赤县神州之民也。夫既已嗜之矣，且遍嗜之矣，则小说之在一群也，既已如空气如菽粟，欲避不得避，欲屏不得屏，而日日相与呼吸之餐嚼之矣。于此其空气而苟含有秽质也，其菽粟而苟含有毒性也，则其人之食息于此间者，必憔悴，必萎病，必惨死，必堕落，此不待蓍龟而决也。于此而不洁净其空气，不别择其菽粟，则虽日饵以参苓，日施以刀圭，而此群中人之老、病、死、苦，终不可得救。知此义，则吾中国群治腐败之总根原，可以识矣。吾中国人状元宰相之思想何自来乎？小说也；吾中国人佳人才子之思想何自来乎？小说也；吾中国人江湖盗贼之思想何自来乎？小说也；吾中国人妖巫狐鬼之思想何自来乎？小说也。若是者，岂尝有人焉，提其耳而诲之，传诸钵而授之也。而下自屠爨贩卒妪娃童稚，上至大人先生高才硕学，凡此诸思想必居一于是。莫或使之，若或使之。盖百数十种小说之力直接间接以毒人，如此其甚也①。今我国民惑堪舆，惑相命，惑卜筮，惑祈禳，因风水而阻止铁路，阻止开矿，争坟墓而阖族械斗，杀人如草，因迎神赛会而岁耗百万金钱，废时生事，消耗国力者，曰惟小说之故；今我国民慕科第若膻，趋爵禄若鹜，奴颜婢膝，寡廉鲜耻，惟思以十年萤雪，暮夜苞苴，易其归骄妻妾、武断乡曲一日之快，遂至名节大防、扫地以尽者，曰惟小说之故；今我国民轻弃信义，权谋诡诈，云翻雨覆，苛刻凉薄，驯至尽人皆机心、举国皆荆棘者，曰惟小说之故；今我国民轻薄无行，沉溺声色，绻恋床第，缠绵歌泣于春花秋月，销磨其少壮活泼之气，青年子弟，自十五岁至三十岁，惟以多情、多感、多愁、多病为一大事业，儿女情多，风云气少，甚者为伤风败俗之行，毒遍社会，曰惟小说之故；今我国民绿林豪杰，遍地皆是，日日有桃园之拜，处处为梁山之盟，所谓“大碗酒，大块肉，分秤称金银，论套穿衣服”等思想，充塞于下等社会之脑中，遂成为哥老、大刀等会，卒至有如义和拳者起，沦陷京国，启召外戎，曰惟小说之故。呜呼！小说之陷溺人群，乃至如是！乃至如是！大圣鸿哲数万言谆诲之而不足者，华士坊贾一二书败坏之而有余！斯事既愈为大雅君子所不屑道，则愈不得不

① 即有不好读小说者，而此等小说，既已渐溃社会，成为风气；其未出胎也，固已承此遗传焉；其既入世也，又复受此感染焉。虽有贤智，亦不能自拔，故谓之间接——作者原注。

专归于华士坊贾之手。而其性质，其位置，又如空气然，如菽粟然，为一社会中不可得避、不可得屏之物，于是华士坊贾，遂至握一国之主权而操纵之矣。呜呼！使长此而终古也，则吾国前途，尚可问耶？尚可问耶？故今日欲改良群治，必自小说界革命始！欲新民，必自新小说始！

新大陆游记（节录）

（1904 年 2 月）

综观以上所列，则吾中国人之缺点，可得而论次矣。

一曰有族民资格而无市民资格。吾中国社会之组织，以家族为单位，不以个人为单位，所谓家齐而后国治是也。周代宗法之制，在今日其形式虽废，其精神犹存也。窃尝论之，西方阿利安人种之自治力，其发达固最早，即吾中国人之地方自治，宜亦不弱于彼。顾彼何以能组成一国家而我不能？则彼之所发达者，市制之自治；而我所发达者，族制之自治也。试游我国之乡落，其自治规模，确有不可掩者。即如吾乡，不过区区二三千人耳，而其立法、行政之机关，秩然不相混。他族亦称是。若此者，宜其为建国之第一基础也。乃一游都会之地，则其状态之凌乱，不可思议矣。凡此皆能为族民不能为市民之明证也，吾游美洲而益信。彼既已脱离其乡井，以个人之资格，来住于最自由之大市，顾其所赍来、所建设者，仍舍家族制度外无他物，且其所以维持社会秩序之一部分者，仅赖此焉。此亦可见数千年之遗传，植根深厚，而为国民乡导者，不可不于此三致意也。

二曰有村落思想而无国家思想。吾闻卢斯福之演说，谓今日之美国民最急者，宜脱去村落思想，其意盖指各省、各市人之爱省心、爱市心而言也。然以历史上之发达观之，则美国所以能行完全之共和政者，实全恃此村落思想为之原。村落思想，固未可尽非也。虽然，其发达太过度，又为建国一大阻力。此中之度量分界，非最精确之权量，不足以衡之。而我中国则正发达过度者也。岂惟金山人为然耳，即内地亦莫不皆然，虽贤智之士，亦所不免。廉颇用赵，子房思韩，殆固有所不得已者耶！然此界不破，则欲成一巩固之帝国，盖亦难矣。

三曰只能受专制不能享自由。此实刍狗万物之言也，虽然，其奈实情如此，即欲掩讳，其可得耶？吾观全地球之社会，未有凌乱于旧金山之华人者。此何以故？曰自由耳。夫内地华人性质，未必有以优于金山，然在内地，犹长官所及治，父兄所及约束也。南洋华人，与内地异矣，然英、荷、法诸国，待我甚酷，十数人以上之集会，辄命解散，一切自由，悉被剥夺，其严刻更过于内地，故亦戢戢焉。其真能与西人享法律上同等之自由者，则旅居美洲、澳洲之人是也。然在人少之市，其势不能成，故其弊亦不甚著。群最多之人，以同居于一自由市者，则旧金山其称首也，而其现象乃若彼。有乡人为余言，旧金山华人，惟前此左庚氏任领事时，最为安谧，人无敢挟刃寻仇者，无敢聚众滋事者，无敢游手闲行者，各秘密结社，皆敛迹屏息，夜户无惊，民孜孜务就职业。盖左氏授意彼市警吏，严缉之而重罚之也。及左氏去后，而故态依然。此实专制安而自由危，专制利而自由害之明证也。吾见其各会馆之规条，大率皆仿西人党会之例，甚文明，甚缜密，及观其所行，则无一不与规条相反悖。即如中华会馆者，其犹全市之总政府也，而每次议事，其所谓各会馆之主席及董事，到者不及十之一，百事废弛，莫之或问。或以小小意见，而各会馆抗不纳中华会馆之经费，中华无如何也。至其议事，则更有可笑者。吾尝见海外中华会馆之议事者数十处，其现象不外两端：其一则一二上流社会之有力者，言莫予违，众人唯诺而已，名为会议，实则布告也，命令也。若是者，名之为寡人专制政体。其二则所谓上流社会之人，无一有力者，遇事曾不敢有所决断，各无赖少年，环立于其旁，一议出则群起而噪之，而事终不得决。若是者，名之为暴民专制政体。若其因议事而相攘臂、相操戈者，又数见不鲜矣。此不徒海外之会馆为然也，即内地所称公局公所之类，何一非如是？即近年来号称新党志士者所组织之团体，所称某协会、某学社者，亦何一非如是。此固万不能责诸一二人，盖一国之程度，实如是也。即李般所谓国民心理，无所往而不发现也。夫以若此之国民，而欲与之行合议制度，能耶否耶？更观其选举，益有令人失惊者。各会馆之有主席也，以为全会馆之代表也。而其选任之也，此县与彼县争①；一县之中，此姓与彼姓争；一姓之中，此乡与彼乡争；一乡之中，此房与彼房争。每当选举时，往往杀人流血者，不可胜数也。夫不过区区一会馆耳，所争者岁千余金之权利耳，其区域不过限于一两县耳，而弊端乃若此；扩而大之，其惨象宁堪设想？恐不仅如南美诸国之四年一革命而已。以若此之国民，而欲与之行选举制度，能耶否耶？难者将曰，此不过旧金山一市之现象而已，以汝粤山谷犷顽之民俗，律我全国，恶乎可？虽然，吾平心论之，吾未见内地人之性质，有以优于旧金山人也；吾反见其文明程度，尚远出旧金山人下也。问全国中有能以二三万人之市，容六家报馆者乎？无有也。问全国中之团体，有能草定如八大会馆章程之美备者乎？无有也。以旧金山犹如此，内地更可知矣。且即使内地人果有以优于金山人，而其所优者亦不过百步之与五十步，其无当于享受自由之格，则一而已。夫岂无一二聪伟之士，其理想，其行谊，不让欧美之流社会者？然仅恃此千万人中之一二人，遂

① 各会馆多合同数县者——作者原注。

可以立国乎？恃千万人中一二人，以实行干涉主义以强其国，则可也；以千万人中之一二人例，而遂曰全国人可以自由，不可也。夫自由云，立宪云，共和云，多数政体之总称也。而中国之多数、大多数、最大多数，如是如是，故吾今若采多数政体，是无以异于自杀其国也。自由云，立宪云，共和云，如冬之葛，如夏之裘，美非不美，其如于我不适何！吾今其毋眩空华，吾今其勿圆好梦。一言以蔽之，则今日中国国民，只可以受专制，不可以享自由。吾祝吾祷，吾讴吾思，吾惟祝祷讴思我国得如管子、商君、来喀瓦士、克林威尔其人者生于今日，雷厉风行，以铁以火，陶冶锻炼吾国民二十年、三十年乃至五十年，夫然后与之读卢梭之书，夫然后与之谈华盛顿之事①。

四曰无高尚之目的。此实吾中国人根本之缺点也。均是国民也，或为大国民、强国民，或为小国民、弱国民，何也？凡人处于空间，必于一身衣食住之外，而有更大之目的；其在时间，必于现在安富尊荣之外，而有更大之目的。夫如是乃能日有进步，缉熙于光明，否则凝滞而已，堕落而已。个人之幺匿体如是，积个人以为国民，其拓都体亦复如是。欧美人高尚之

---

① 以上三条，皆说明无政治能力之事。其保守心太重一端，人人共和，无俟再陈——作者原注。

目的不一端，以吾测之，其最重要者，则好美心其一也①，社会之名誉心其二也，宗教之未来观念其三也。泰西精神的文明之发达，殆以此三者为根本，而吾中国皆最缺焉。故其所营营者只在一身，其所孳孳者只在现在，凝滞堕落之原因，实在于是。此不徒海外人为然也，全国皆然，但吾至海外而深有所感，故论及之。此其理颇长，事今日所能毕其词也。

此外，中国人性质不及西人者多端，余偶有所触辄记之，或过而忘之。今将所记者数条丛录于下，不复伦次也：西人每日只操作八点钟，每来复日则休息。中国商店每日晨七点开门，十一二点始歇，终日危坐店中，且来复日亦无休，而不能富于西人也，且其所操作之工，亦不能如西人之多，何也？凡人做事，最不可有倦气，终日终岁而操作焉，则必厌，厌则必倦，倦则万事堕落矣。休息者，实人生之一要件也。中国人所以不能有高尚之目的者，亦无休息实尸其咎。美国学校，每岁平均只读百四十日书，每日平均只读五六点钟书，而西人学业优尚于华人，亦同此理。华人一小小商店，动辄用数人乃至十数人，西人寻常商店，惟一二人耳。大约彼一人总做我三人之工，华人非不勤，实不敏也。来复日休息，洵美矣。每经六日之后，则有一种方新之气，人之神气清明

① 希腊人言德性者，以真、善、美三者为究竟。吾中国多言善而少言美，惟孔子谓《韶》尽美又尽善，孟子言可欲之谓善，充实之谓美，皆两者对举，此外言者甚希。以比较的论之，虽谓中国为不好美之国民可也——作者原注。

实以此。中国人昏浊甚矣，即不用彼之礼拜，而十日休沐之制，殆不可不行。试集百数十以上之华人于一会场，虽极肃穆毋哗，而必有四种声音：最多者为咳嗽声，为欠伸声，次为嚏声，次为拭鼻涕声。吾尝于演说时默听之，此四声者如连珠然，未尝断绝。又于西人演说场、剧场静听之，虽数千人不闻一声。东洋汽车、电车必设唾壶，唾者狼藉不绝；美国车中设唾壶者甚希，即有亦几不用。东洋汽车途间在两三点钟以上者，车中人假寐过半；美国车中虽行终日，从无一人作隐几卧。东西人种之强弱优劣可见。旧金山西人常有迁华埠之议，盖以华埠在全市中心最得地利，故彼涎之，抑亦借口于吾人之不洁也。使馆参赞某君尝语余曰，宜发论使华人自迁之。今夫华埠之商业，非能与西人争利也，所招徕者皆华人耳，自迁他处，其招徕如故也。迁后而大加整顿之，使耳目一新，风气或可稍变。且毋使附近彼族，日日为其眼中钉，不亦可乎？不然，我不自迁，彼必有迁我之一日，及其迁而华埠散矣，云云。此亦一说也。虽然，试问能办得到否？不过一空言耳。旧金山凡街之两旁人行处①，不许吐唾，不许抛弃腐纸杂物等，犯者罚银五元；纽约电车不许吐唾，犯者罚银五百元，其贵洁如是，其厉行干涉不许自由也如是。而华人以如彼凌乱秽浊之国民，毋怪为彼等所厌。西人行路，

① 中央行车——作者原注。

身无不直者，头无不昂者。吾中国则一命而伛，再命而偻，三命而俯。相对之下，真自惭形秽。西人行路，脚步无不急者，一望而知为满市皆有业之民也，若不胜其繁忙者然。中国人则雅步雍容，鸣琚佩玉，真乃可厌。在街上远望数十丈外有中国人迎面来者，即能辨认之，不徒以其躯之短而颜之黄也。西人数人同行者如雁群，中国人数人同行者如散鸭。西人讲话，与一人讲，则使一人能闻之；与二人讲，则使二人能闻之：与十人讲，则使十人能闻之；与百人、千人、数千人讲，则使百人、千人、数千人能闻之。其发声之高下，皆应其度。中国则群数人坐谈于室，声或如雷；聚数千演说于堂，声或如蚊。西人坐谈，甲语未毕，乙无儳言；中国人则一堂之中，声浪稀乱，京师名士，或以抢讲为方家，真可鞠无秩序之极。孔子曰："不学诗，无以言；不学礼，无以立。"吾友徐勉亦云中国人未曾会行路，未曾会讲话。真非过言。斯事虽小，可以喻大也。

吾今后所以报国者

(1915 年 1 月 20 日)

吾二十年来之生涯，皆政治生涯也。吾自距今一年前，虽未尝一日立乎人之本朝，然与国中政治关系，殆未尝一日断。吾喜摇笔弄舌，有所论议，国人不知其不肖，往往有乐倾听之者。吾问学既谫薄，不能发为有统系的理想，为国民学术辟一蹊径；吾更事又浅，且去国久，而与实际之社会阂隔，更不能参稽引申，以供凡百社会事业之资料。惟好攘臂扼腕以谈政治，政治谈以外，虽非无言论，然匣剑帷灯。意固有所属，凡归于政治而已。吾亦尝欲借言论以造成一种人物，然所欲造成者，则吾理想中之政治人物也。吾之作政治谈也，常为自身感情作用所刺激，而还以刺激他人之感情，故持论亦屡变，而往往得相当之反响。畴昔所见浅，时或沾沾自喜，谓吾之多言，庶几于国之政治小有所裨，至今国中人犹或以此许之。虽然，吾今体察既确，吾历年之政治谈，皆败绩失据也。吾自问本心，未尝不欲为国中政治播佳种，但不知吾所谓佳种者误于别择耶？将播之不适其时耶？不适其地耶？抑将又播之不以其道耶？要之，所获之果，殊反于吾始愿所期。吾尝自讼，吾所效之劳，不足以偿所造之孽也。吾躬自为政治活动者亦既有年，吾尝与激烈派之秘密团体中人往还，然性行与彼辈不能相容，旋即弃去。吾尝两度加入公开之政治团体，遂不能自有所大造于其团体，更不能使其团体有所大造于国家，吾之败绩失据又明甚也。吾曾无所于悔，顾吾至今乃确信，吾国现在之政治社会，决无容政治团体活动之余地。以今日之中国人而组织政治团体，其于为团体分子之资格，所缺实多。夫吾即不备此资格者之一人也，而吾所亲爱之俦侣，其各皆有所不备，亦犹吾也。吾于是日憬然有所感，以谓吾国欲组织健全之政治团体，则于组织之前更当有事焉，曰：务养成较多数可以为团体中健全分子之人物。然兹事终已非旦夕所克立致。未能致而强欲致焉，一方面既使政治团体之信用失坠于当世，沮其前途发育之机；一方面尤使多数有为之青年，浪耗其日力于无结果之事业，甚则品格器量，皆生意外之恶影响。吾为此惧，故吾于政治团体之活动，遂不得不中止。吾又尝自立于政治之当局，迄今犹尸名于政务之一部分。虽然，吾自始固自疑其不胜任，徒以当时时局之急迫，政府久悬，其祸之中于国家者或不可测，重以友谊之敦劝，乃勉起以承其乏。其间不自揣，亦颇尝有所规画，思效铅刀之一割，然大半与现在之情实相阂，稍入其中，而知吾之所主张，在今日万难贯彻，而反乎此者，又恒觉于心有所未安。其权宜救时之政，虽亦明知其不得不尔，然大率为吾生平所未学，虽欲从事而无能为役。若此者，于全局之事有然，于一部分之事亦有然。是故援“陈力就列，不能者止”之义，吁求引退，徒以元首礼意之殷渥，辞不获命，暂腼然滥竽今职。亦惟思拾遗补阙，为无用之用，而事实上则与政治之关系日趋于疏远，更得闲者，则吾政治生涯之全部，且将中止矣。

夫以二十年习于此生涯之人，忽焉思改其度，非求息肩以自暇逸也，尤非有所愤恶而逃之也。吾自始本为理论的政谈家，其能勉为实行的政务家与否，原不敢自信，今以一年来所经历，吾一面虽仍确信理论的政治，吾中国将来终不可以蔑弃；吾一面又确信吾国今日之政治，万不容拘律以理论。而现在佐元首以实行今日适宜之政治者，其能力实过吾倍蓰。以吾参加于诸公之列，不能多有所助于其实行，亦犹以诸公参加于吾之列，不能多有所助于吾理论也。夫社会以分劳相济为宜，而能力以用其所长为贵。吾立于政治当局，吾自审虽蚤作夜思、鞠躬尽瘁，吾所能自效于国家者有几？夫一年来之效既可睹矣。吾以此日力，以此心力，转而用诸他方面，安见其所自效于国家者，不有以加于今日？然则还我初服，仍为理论的政谈家耶？以平昔好作政谈之人，而欲绝口不谈政治，在势固必不能自克，且对于时政得失而有所献替，亦言论家之通责，吾岂忍有所讳避？虽然，吾以二十年来几度之阅历，吾深觉政治之基础恒在社会，欲应用健全之政论，则于论政以前更当有事焉。而不然者，则其政论徒供刺激感情之用，或为剽窃干禄之资，无论在政治方面，在社会方面，自可以生意外之恶影响，非直无益于国而或反害之。故吾自今以往，不愿更多为政谈，非厌倦也，难之故慎之也。政谈且不愿多作，则政团更何有？故吾自今以往，除学问上或与二三朋辈结合讨论外，一切政治团伴之关系，皆当中止，乃至生平最敬仰之师长，最亲习之友生，亦惟以道义相切劘，学艺相商榷，至其政治上之言论、行动，吾决不愿有所与闻，更不能负丝毫之连带责任。非孤僻也，人各有其见地，各有其所以自信者，虽以骨肉之亲，或不能苟同也。

夫身既渐远于政局，而又复渐稀于政谈，则吾之政治生涯，真中止矣。吾自今以往，吾何以报国者？吾思之，吾重思之，吾犹有一莫大之天职焉。夫吾固人也，吾将讲求人之所以为人者，而与吾人商榷之；吾固中国国民也，吾将讲求国民之所以为国民者，而与吾国民商榷之。人所以为人，国民之所以为国民，虽若夫妇之愚可以与知乎，而吾国竟若有所未解，或且反其道而恬不以为怪。质言之，则中国社会之堕落窳败，晦盲否塞，实使人不寒而栗。以智识、才技之晻陋若彼，势必劣败于此物竞至剧之世，举全国而为饿殍；以人心风俗之偷窳若彼，势必尽丧吾祖若宗遗传之善性，举全国而为禽兽。在此等社会上而谋政治之建设，则虽岁变更其国体，日废置其机关，法令高与山齐，庙堂日昃不食，其亦曷由致治，有蹙蹙以底于亡已耳！夫社会之敝极于今日，而欲以手援天下，夫孰不知其难？虽然，举全国聪明才智之士，悉辏集于政界，而社会方面，空无人焉，则江河日下，又何足怪？吾虽不敏，窃有志于是，若以言论之力，能有所贡献于万一，则吾所以报国家之恩我者，或于是乎在矣！

无产阶级与无业阶级

（1925 年 5 月 1 日）

我近来极厌闻所谓什么主义什么主义，因为无论何种主义，一到中国人手里，都变成挂羊头卖狗肉的勾当。今日是有名的劳动纪念节。这个纪念节，在欧美社会，诚然有莫大的意义。意义在哪里？在代表无产阶级——即劳动阶级的利益，来和那些剥夺他们利益的阶级斗争。

阶级斗争是否社会上吉祥善事，另属一问题，且不讨论。但我们最要牢记者，欧美社会，确截然分为有产、无产两阶级，其无产阶级，都是天天在工场、商场做工有正当职业的人，他们拥护职业上勤劳所得或救济失业，起而斗争，所以斗争是正当的，有意义的。

中国社会到底有阶级的分野没有呢？我其实不敢说，若勉强说有，则我以为有产阶级和无产阶级不成对待名词，只有有业阶级和无业阶级成对待名词。什么是有业阶级？如农民[①]、买卖人[②]、学堂教习、小官吏与及靠现卖气力吃饭的各种工人等，这些人或有产，或无产，很难就“产”上画出个分野来。什么是无业阶级？如阔官、阔军人、政党领袖及党员、地方土棍、租界流氓、受外国宣传部津贴的学生、强盗[③]、乞丐[④]与及其他之贪吃懒做的各种人等，这些人也是或有产，或无产，很难就“产”上画出个分野来。

中国如其有阶级斗争吗，我敢说：有业阶级战胜无业阶级便天下太平，无业阶级征服有业阶级便亡国灭种。哎，很伤心，很不幸，现在的大势，会倾向于无业胜利那条路了。

无业阶级的人脸皮真厚，手段也真麻利，他们随时可以自行充当某部分人民代表。路易十四世说“朕即国家”，他们说“我即国民”。他们随时可以把最时髦的主义顶在头上，靠主义做饭碗。记得前车上海报上载有一段新闻，说一位穿洋装带着金丝眼镜的青年坐洋车向龙华去，一路上拿手仗打洋车夫带着脚踢，口中不绝乱骂道：“我要赶着赴劳工大会，你误了我的钟点，该死该死。”这段话也许是虚编出来挖苦

① 小地主和佃丁都包在内——作者原注。

② 商店东家和伙计都包在内——作者原注。

③ 穿军营制服的包在内——作者原注。

④ 穿长衫马褂的包在内——作者原注。

人，其实像这类的怪相也真不少。

前几年，我到某地方讲学，有一天农会、商会、工会联合欢迎，到了几十位代表，我看着都不像农人、商人、工人的样子，大约总是四民之首的“士”了。我循例致谢之后，还加上几句道：“希望过几年再赴贵会，看见有披蓑衣、拿锄头的农人，有刚从工场出来满面灰土的工人。”哎，这种理想，何年何月才能实现啊！

可怜啊可怜，国内不知几多循规蹈矩的有业阶级，都被他们代表了去，还睡在梦里。

可怜啊可怜，世界上学者呕尽心血发明的主义，结果做他们穿衣吃饭的工具。

劳动节吗，纪念是应该纪念，但断不容不劳动的人插嘴插手。如其劳动的人没有懂得纪念的意义，没有感觉纪念的必要，我以为倒不如不纪念，免得被别人顶包剪绺去了。

欧美人今天的运动，大抵都打着“无产阶级打倒有产阶级”的旗号，这个旗号我认为在中国不适用，应改写道：“有业阶级打倒无业阶级！”

说希望

（1903 年）

机埃的[①]之言曰：“希望者失意人之第二灵魂也。”岂惟失意人而已。凡中外古今之圣贤豪杰，忠臣烈士，与夫宗教家、政治家、发明家、冒险家之所以震撼宇宙，创造世界，建不朽之伟业以辉耀历史者，殆莫不藉此第二灵魂之希望，驱之使上于进取之途。故希望者制造英雄之原料，而世界进化之导师也。

人类者生而有欲者也。原人之朔，榛狉无知，饥则食焉，疲则息焉，饮食男女之外，无他思想。而其所谓饮食男女者，亦止求一时之饱暖嬉乐，而不复知有明日，无所谓蓄积，无

① 今译为“歌德”——编者注。

所谓预备，止有肉欲而绝无欲望，蠕蠕然无以异于动物也。及其渐进渐有思想，而将来之观念始萌，于是知为其饮食男女之肉欲，谋前进久长之计。斯时也，则有所谓生全之希望。思想日益发达，希望日益繁多。于其肉欲之外，知有所谓权力者，知有所谓名誉者，知有所谓宗教道德者，知有所谓政治法律者，由生存之希望，进而为文化之希望。其希望愈大，而其群治之进化亦愈彬彬矣。

故夫希望者人类之所以异于禽兽，文明之所以异于野蛮，而亦豪杰之所以异于凡民者也。亚历山大之远征波斯也，尽斥其所有之珍宝以遍赐群臣。群臣曰：然则王更何有乎？亚历山大曰：吾有一焉，曰“希望”。夫亚历山大之丰功盛烈，赫然照烁于今古，然其功烈之成立，实希望为之涌泉。宁独亚历山大而已，摩西之出埃及也，数十年徘徊于沙漠之中，然卒能脱犹太人之羁轭，导之于葡萄繁熟、蜜乳馥郁之境。摩西之能有成功，迦南乐土之希望为之也。哥伦布之航海也，谋之贵族而贵族哗之，谋之葡国政府而政府拒之，乃至同行之人，困沮悔恨而思杀之，然卒能发见美洲，为欧人辟一新世界。哥伦布之能有成功，发见新地之希望为之也。玛志尼诸人之建国也，突起于帝政教政压抑之下，张空拳以求独立，然卒能脱墺人之压制，建新罗马之名邦。玛志尼诸人之能有成功，意大利统一之希望为之也。华盛顿之奋起也，抗英血战八年，联合诸州者十载，然卒能脱离母国，建一完备之共和新国以为天下倡。华盛顿之能有成功，美国独立之希望为之也。宁独西国前哲而已，勾践一降王耳，然能以五千之甲士，困夫差于甬东也，则以有报吴之希望故。申包胥一逋臣耳，然能却败吴寇，复已燔之郢都也，则以有存楚之希望故。班超一书生耳，然能开通西域，断匈奴之右臂也，则以有立功绝域之希望故。范孟博登车揽辔，有澄清天下之大志；范文正方为秀才，有天下已任之雄心。自古之伟人杰士，类皆不肯苟安于现在之地位，其心中目中，别有第二之世界，足以餍人类向上求进之心。既悬此第二之世界以为程，则萃精神以谋之，竭全力以赴之，日夜奔赴于莽莽无极之前途，务达其鹄以为归宿。而功业成就之多寡，群治进化之深浅，悉视其希望之大小以为比列差。盖希望之力，其影响于世间者固若是其伟且大也。

天下最惨最痛之境，未有甚于"绝望"者也。信陵之退隐封邑，项羽之悲歌垓下，亚刺飞之窜身锡兰，拿破仑之见幽厄蔑，莫不抚髀悲悒，神气颓唐，一若天地虽大，蹙蹙无托身之所；日月虽长，奄奄皆待尽之年；醇酒妇人而外无事业，束手待死以外无志愿；我躬不阅，遑恤我后；朝不谋夕，谁能虑远。彼数子者，岂非喑呜叱咤、横绝一世之英雄哉？方其希望远大之时，虽盖世功名，曾不足以当其一盼；虽统一寰区，曾不足以满其志愿。及其希望既绝，则心死志馁，气索才尽，颓然沮丧，前后迥若两人。

然后知英雄之所以为英雄者，固恃希望为之先导，而智虑才略，皆随希望以为消长者也。有希望则常人可以为英雄，无希望则英雄无以异于常人。盖希望之力，其影响于人者固若是其伟且大也。

天下之境有二：一曰现在，一曰未来。现在之境狭而有限，而未来之境广而无穷。英儒颉德之言曰："进化之义，专在造出未来。其过去及现在，不过一过渡之方便法门耳。故现在者非为现在而存，实为未来而存。是以高等生物皆能为未来而多所贡献，代未来而多负责任。其勤劳于为未来者，优胜者也；怠逸于为未来者，劣败者也。"希望者固以未来的目的，而尽勤劳以谋其利益者也。然未来之利益，往往与现在之利益，枘凿而不能相容，二者不可得兼，有所取必有所弃。彼既有所希望矣，则心中目中，必有荼锦烂漫之生涯，宇宙昭苏之事业，亘其前途，其利益百什倍于现在，遂不惜取其现在者而牺牲之，以为未来之媒介。故释迦弃净饭太子之贵，而苦行穷山；路得辞教皇不赀之赏，而甘受廷讯；加富尔舍贵族富豪之安，而隐耕黎里；哥伦布掷乡里优游之乐，而奋身远航。以常人之眼观之，则彼好为自苦，非人情所能堪，岂不嗤为大愚，百思而不得其解哉！然苦乐本无定位，彼未来之所得，固足偿现在之失而有余，则常人所见为失而苦之者，彼固见为得而有以自乐。且攫金于市者，止见有金不见有人。彼日有无穷之愿欲悬于其前，则其视线心光，咸萃集于其希望之前途；而目前之所谓利益者，直如蚊虻之过耳，曾不足以芥蒂于其胸。贪夫殉财，烈士殉名，夸者殉权，哲人殉道，其所殉之物虽不同，而其所以为殉者，皆捐弃万事，以专注其希望之大欲而已。

且非独个人之希望为然也，国民之希望亦靡不然，英人固不喜急激之民族也，然一为大宪章之抗争，再为长期国会之更革，累数世之纷犹，则曰希望自由之故。法人三次革命，屡仆屡起，演大恐怖之惨剧，扰乱亘数十年，则曰希望民政之故。美人崛起抗英，糜烂其民于硝烟弹雨之中，苦战八年，伏尸百万，则曰希望独立之故。彼所牺牲之利益，固视个人为尤惨酷矣；然彼既有自由、民政、独立之伟大目的在于未来，而为国民共同之希望。凡物必有代价，则其所牺牲者，固亦以现在为代价，而购此未来而已。

然而希望者，常有失望以与之为缘者也。其希望愈大者，则其成就也愈难，而其失望也愈众。譬之操舟泛港汊者，微波漾荡，可以扬帆径渡也；及泛江河，则风浪之恶，将十倍蓰于港汊矣；及航溟渤，则风浪之恶，又倍蓰于江河矣。失望与希望之相为比例，殆犹是也。惟豪杰之徒，为能保其希望而使之勿失。彼盖知远大之希望，固在数十百年之后，而非可取偿于旦夕之间。既非旦夕所能取偿，则所谓拂戾失意之境遇，要不过现在与未来利益之冲突，实为事势所必然。吾心中自有所谓第二世界者存，必不以目前之区区，沮吾心而馁吾志。英雄之希望如是，伟大国民之希望亦复如是。

老子曰："知足不辱，知止不殆。"此毁灭世界之毒药，萎杀思想之谬言也。我中人日奉一足止以为主义，恋恋于过去，而绝无未来之观念；眷眷于保守，而绝无进取之雄心。其下者日营利禄，日骛衣食，萃全神于肉欲，蜎蜎无异于原人；其上者亦惟灰心短气，太息于国事之不可为，志馁神沮，慨叹于前途之无可望，不为李后主之眼泪洗面，即为信陵君之醇酒妇人。人人皆为绝望之人，而国亦遂为绝望之国。呜呼，吾国其果绝望乎，则待死以外诚无他策；吾国其非绝望乎，则吾人之日月方长，吾人之心愿正大。旭日方东，曙光熊熊，吾其叱咤羲轮，放大光明以赫耀寰中乎！河出伏流，牵涛怒吼，吾其乘风扬帆，破万里浪以横绝五洲乎！穆王八骏，今方发轫，吾其扬鞭绝尘，骎骎与骅骝竞进乎！四百余州，河山重重；四亿万人，泱泱大风；任我飞跃，海阔天空；美哉前途，郁郁葱葱；谁为人豪？谁为国雄？我国民其有希望乎！其各立于所欲立之地，又安能郁郁以终也！

三十自述

(1902 年 12 月)

“风云入世多，日月掷人急。如何一少年，忽忽已三十。”此余今年正月二十六日在日本东海道汽车中所作《三十初度·口占十首》之一也。人海奔走，年光蹉跎，所志所事，百未一就，揽镜据鞍，能无悲惭？擎一既结集其文，复欲为作小传。余谢之曰：“若某之行谊经历，曾何足有记载之一值。若必不获已者，则人知我，何如我之自知？吾死友谭浏阳曾作《三十自述》，吾毋宁效颦焉。”作《三十自述》。

余乡人也，于赤县神州，有当秦汉之交，屹然独立群雄之表数十年，用其地，与其人，称蛮夷大长，留英雄之名誉于历史上之一省。于其省也，有当宋元之交，我黄帝子孙与北狄异种血战不胜，君臣殉国，自沉崖山，留悲愤之记念于历史上之一县。是即余之故乡也。乡名熊子，距崖山七里强，当西江入南海交汇之冲，其江口列岛七，而熊子宅其中央，余实中国极南之一岛民也。先世自宋末由福州徒南雄，明末由南雄徙新会，定居焉，数百年栖于山谷。族之伯叔兄弟，且耕且读，不问世事，如桃源中人，顾闻父老口碑所述，吾大王父最富于阴德，力耕所获，一粟一帛，辄以分惠诸族党之无告者。王父讳维清，字镜泉，为郡生员，例选广文，不就。王母氏黎。父名宝瑛，字莲涧。夙教授于乡里。母氏赵。

余生同治癸酉正月二十六日，实太平国亡于金陵后十年，清大学士曾国藩卒后一年，普法战争后三年，而意大利建国罗马之岁也。生一月而王母黎卒。逮事王父者十九年。王父及见之孙八人，而爱余尤甚。三岁仲弟启勋生，四五岁就王父及母膝下授四了书、《诗经》，夜则就睡王父榻，日与言古豪杰哲人嘉言懿行，而尤喜举亡宋、亡明国难之事，津津道之。六岁后，就父读，受中国略史，五经卒业。八岁学为文。九岁能缀千言。十二岁应试学院，补博士弟子员，日治帖括，虽心不慊之，然不知天地间于帖括外，更有所谓学也，辄埋头钻研，顾颇喜词章。王父、父母时授以唐人诗，嗜之过于八股。家贫无书可读，惟有《史记》一，《纲鉴易知录》一，王父、父日以课之，故至今《史记》之文，能成诵八九。父执有爱其慧者，赠以《汉书》一，姚氏《古文辞类纂》一，则大喜，读之卒业焉。父慈而严，督课之外，使之劳作，言语举动稍不谨，辄呵斥不少假借，常训之曰："汝自视乃如常儿乎！"至今诵此语不敢忘。十三岁始知有段、王训诂之学，大好之，渐有弃帖括之志。十五岁，母赵恭人见背，以四弟之产难也，余方游学省会，而时无轮舶，奔丧归乡，已不获亲含殓，终天之恨，莫此为甚。时肄业于省会之学海堂，堂为嘉庆间前总督阮元所立，以训诂词章课粤人者。至是乃决舍帖括以从事于此，不知天地间于训诂词章之外，更有所谓学也。己丑年十七，举于乡，主考为李尚书端棻，王镇江仁堪。年十八计偕入一京师，父以其稚也，挚与偕行，李公以其妹许字焉。下第归，道上海，从坊间购得《瀛环志略》读之，始知有五大洲各国，且见上海制造局译出西书若干种，心好之，以无力不能购也。

其年秋，始交陈通甫。通甫时亦肄业学海堂，以高才生闻。既而通甫相语曰："吾闻南海康先生上书请变法，不达，新从京师归，吾往谒焉，其学乃为吾与子所未梦及，吾与子今得师矣。"于是乃因通甫修弟子礼事南海先生。时余以少年科第，且于时流所推重之训诂词章学，颇有所知，辄沾沾自喜。先生乃以大海潮音，作狮子吼，取其所挟持之数百年无用旧学更端驳诘，悉举而摧陷廓清之。自辰入见，及戌始退，冷水浇背，当头一棒，一旦尽失其故垒，惘惘然不知所从事，且惊且喜，且怨且艾，且疑且惧，与通甫联床竟夕不能寐。明日再谒，请为学方针，先生乃教以陆王心学，而并及史学、西学之梗概。自是决然舍去旧学，自退出学海堂，而间日请业南海之门。生平知有学自兹始。

辛卯余年十九，南海先生始讲学于广东省城长兴里之万木草堂，徇通甫与余之请也。先生为讲中国数千年来学术源流，历史政治，沿革得失，取万国以比例推断之。余与诸同学日札记其讲义，一生学问之得力，皆在此年。先生又常为语佛学之精粤博大，余夙根浅薄，不能多所受。先生时方著《公理通》《大同学》等书，每与通甫商榷，辨析入微，余辄侍末席，有听受，无问难，盖知其美而不能通其故也。先生著《新学伪经考》，从事校勘；著《孔子改制考》，从事分纂。日课则《宋元明儒学案》、二十四史、《文献通考》等，而草堂颇有藏书，得恣涉猎，学稍进矣。其年始交康幼博。十月，入京师，结婚李氏。明年壬辰，年二十，王父弃养。自是学于草堂者凡三年。

甲午年二十二，客京师，于京国所谓名士者多所往还。六月，日本战事起，惋愤时局，时有所吐露，人微言轻，莫之闻也。顾益读译书，治算学、地理、历史等。明年乙未，和议成，代表广东公车百九十人，上书陈时局。既而南海先生联公车三千人，上书请变法，余亦从其后奔走焉。其年七月，京师强学会开，发起之者，为南海先生，赞之者为郎中陈炽，郎中沈曾植，编修张孝谦，浙江温处道袁世凯等。余被委为会中书记员。不三月，为言官所劾，会封禁。而余居会所数月，会中于译出西书购置颇备，得以余日尽浏览之，而后益斐然有述作之志。其年始交谭复生、杨叔峤，吴季清、铁樵、子发父子。

京师之开强学会也，上海亦踵起。京师会禁，上海会亦废。而黄公度倡议续其余绪，开一报馆，以书见招。三月去京师，至上海，始交公度。七月《时务报》开，余专任撰述之役，报馆生涯自兹始，著《变法通议》《西学书目表》等书。其冬，公度简出使德国大臣，奏请偕行，会公度使事辍，不果。出使美、日、秘大臣伍廷芳，复奏为参赞，力辞之。伍固请，许以来年往，既而终辞，专任报事。丁酉四月，直隶总督王文韶，湖广总督张之洞，大理寺卿盛宣怀，连衔奏保，有旨交铁路大臣差遣，余不之知也。既而以札来，粘奏折上谕焉，以不愿被人差遣辞之。张之洞屡招邀，欲致之幕府，固辞。时谭复生宦隐金陵，间月至上海，相过从，连舆接席。复生著《仁学》，每成一篇，辄相商榷，相与治佛学，复生所以砥砺之者良厚。十月，湖南陈中丞宝箴，江督学标，聘主湖南时务学堂讲席，就之。时公度官湖南按察使，复生亦归湘助乡治，湘中同志称极盛。未几，德国割据胶州湾事起，瓜分之忧，震动全国，而湖南始创南学会，将以为地方自治之基础，余颇有所赞画。而时务学堂，于精神教育，亦三致意焉，其年始交刘裴邨、林暾谷、唐绂丞，及时务学堂诸生李虎村、林述唐，田均一、蔡树珊等。

明年戊戌，年二十六。春，大病几死，出就医上海，既痊，乃入京师。南海先生方开保国会，余多所赞画奔走。四月，以徐侍郎致靖之荐，总理衙门再荐，被召见，命办大学堂译书局事务。时朝廷锐意变法，百度更新，南海先生深受主知，言听谏行，复生、暾谷、叔峤、裴邨，以京卿参预新政，余亦从诸君子之后，黾勉尽瘁。八月政变，六君子为国流血，南海以英人仗义出险，余遂乘日本大岛兵舰而东。去国以来，忽忽四年矣。

戊戌九月至日本，十月与横滨商界诸同志谋设《清议报》。自此居日本东京者一年，稍能读东文，思想为之一变。己亥七月，复与滨人共设高等大同学校于东京，以为内地留学生预备科之用，即今之清华学校是也。其年美洲商界同志，始有中国维新会之设，由南海先生所鼓舞也。冬间美洲人招往游，应之。以十一月首途，道出夏威夷岛，其地华商二万余人，相絷留，因暂住焉，创夏威夷维新会。适以治疫故，航路不通，遂居夏威夷半年。至庚子六月，方欲入美，而义和团变已大起，内地消息，风声鹤唳，一日百变。已而屡得内地函电，促归国，遂回马首而西，比及日本，已闻北京失守之报。七月急归沪，方思有所效，批沪之翌日，而汉口难作，唐、林、李、蔡、黎、傅诸烈，先后就义，么私皆不获有所救。留沪十日，遂去，适香港，既而渡南洋，谒南海，遂道印度，游澳洲，应彼中维新会之招也。居澳半年，由西而东，环洲一周而还。辛丑四月复至日本。

尔来蛰居东国，忽又岁余矣，所志所事，百不一就。惟日日为文字之奴隶，空言喋喋，无补时艰。平旦自思，只有惭悚。顾自审我之才力，及我今日之地位，舍此更无术可以尽国民责任于万一。兹事虽小，亦安得已。一年以来，颇竭棉薄，欲草一中国通史以助爱国思想之发达，然荏苒日月，至今犹未能成十之二。惟于今春为《新民丛报》，冬间复创刊《新小说》，述其所学所怀抱者，以质于当世达人志士，冀以为中国国民遒铎之一助。呜呼！国家多难，岁月如流，眇眇之身，力小任重。吾友韩孔广诗云："舌下无英雄，笔底无奇士。"呜呼，笔舌生涯，已催我中年矣！此后所以报国民之恩者，未知何如？每一念及，未尝不惊心动魄，抑塞而谁语也。

孔子纪元二千四百五十三年壬寅十一月，任公自述。

（附）我之为童子时（1902 年）

我所爱之童子乎，汝若不知我为谁，问汝先生及汝父兄，或能告汝。汝欲听我为童子时之故事乎？我大半忘记，所记一二，请以语汝。

我为童子时，未有学校也。我初识字，则我母教我，直至十岁，皆受学于我祖父、我父。我祖父母及我父母皆钟爱我，并责骂且甚少。何论鞭挞！然我亦尝受鞭三次，至今犹历历可记。汝等愿闻此老受鞭之故乎？

我家之教，凡百罪过，皆可饶恕，惟说谎话，斯不饶恕。我六岁时，不记因何事，忽说谎一句，所说云何，亦已忘却，但记不久即为我母发觉，时我父方在省城应试也。晚饭后，我母传我至卧房，严加盘诘，我一入房，已惊骇不知所措。盖我母温良之德，全乡皆知，我有生以来，只见我母终日含笑，今忽见其盛怒之状，几不复认识为吾母矣。我母命我跪下受考问，我若矢口自承其罪，则此鞭或遂逃却，亦未可知。无奈我忽睹母威，仓皇失措，妄思欺饰以霁母怒。汝等试思母已知我犯罪，然后发怒，岂复可欺饰者，当时我以童子无识，出此下策，一何可笑！汝等勿笑，可怜我稚嫩温泽之躯，自出胎以来，未尝经一次苦楚，当时被我母翻伏在膝前，力鞭十数，我母当时教我之言甚多，我亦不必一一为汝等告，但记有数语云："汝若再说谎，汝将来便成窃盗，便成乞丐。"汝等试思，我母之言，得毋太过否？偶然说句谎话，何至便成窃盗，便成乞丐？我母旋又教我曰："凡人何故说谎？或者有不应为之事，而我为之，畏人之责其不应为而为也，则谎言吾未尝为，或者有必应为之事，而我不为，畏人之责其应为而不为也，则谎言吾已为之。夫不应为而为，应为而不为，已成罪过矣。若己不知其为罪过，犹可言也。他日或自能知之，或他人告之，则改焉而不复如此矣。今说谎者，则明知其为罪过而故犯之也。不惟故犯，且自欺欺人，而自以为得计也，人若明知罪过而故犯，且欺人而以为得计，则与窃盗之性质何异？天下万恶，皆起于是矣。然欺人终必为人所知，将来人人皆指而目之曰：此好说谎话之人也，则无人信之，既无人信，则不至成为乞丐焉而不止也。”我母此段教训，我至今常记在心，谓为千古名言。汝等试思此为名言否耶？最可怜者，我伯姊陪我长跪半宵，犹复独哭一夜，伯姊何为哭？惧我父知之，我所受鞭扑更甚于今夕也。虽然，我伯姊之惧徒惧矣，我母爱我甚，且察我已能受教，遂未尝为我父言也。

呜呼，吾母弃养将三十年矣，吾姊即世亦且十年，吾述此事，吾涕沾纸矣！汝等有母之人，须知天下爱我者，无过于母，而母之教训，实不易多得，长大而思母训，恐母不我待矣。

文野三界之别

（1899 年 9 月 15 日）

泰西学者，分世界人类为三级：一曰蛮野之人，二曰半开之人，三曰文明之人。其在《春秋》之义，则谓之据乱世，升平世，太平世。皆有阶级，顺序而升，此进化之公理，而世界人民所公认也。其轨度与事实，有确然不可假借者，今略胪列之如下：

第一，居无常处，食无常品；逐便利而成群，利尽则辄散去；虽能佃渔以充衣食，而不知器械之用；虽有文字，而不知学问；常畏天灾，冀天幸，坐待偶然之祸福；仰仗人为之恩威，而不能操其主权于己身。如是者，谓之蛮野之人。

第二，农业大开，衣食颇具；建邦设都，自外形观之，虽已成为一国，然观其内，实则不完备者甚多；文学虽盛，而务实学者少；其于交际也，猜疑之心虽甚深，及谈事物之理，则不能发疑以求真是；摸拟之细工虽巧，而创造之能力甚乏，知修旧而不知改旧；交际虽有规则，而其所谓规则者，皆由习惯而成。如是者，谓之半开之人。

第三，范围天地间种种事物于规则之内，而以己身入其中以鼓铸之；其风气随时变易，而不惑溺于旧俗所习惯；能自治其身，而不仰仗他人之恩威；自修德行，自辟智慧，而不以古为限，不以今自画；不安小就，而常谋未来之大成有进而无退，有升而无降，学问之道，不尚虚谈，而以创辟新法为尚；工商之业，日求扩充，使一切人皆进幸福。如是者，谓之文明之人。

论世界文野阶级之分，大略可以此为定点。我国民试一反观，吾中国于此三者之中居何等乎？可以瞿然而兴矣！

国之治乱，常与其文野之度相比例，而文野之分，恒以国中全部之人为定断，非一二人之力所能强夺而假借也。故西儒云：国家之政事，譬之则寒暑表也；民间之风气，譬之则犹空气也。空气之燥湿冷热，而表之升降随之，丝毫不容假借。故民智、民力、民德不进者，虽有英仁之君相，行一时之善政，移时而扫地以尽矣。如以沸水浸表，虽或骤升，及水冷而表内之度仍降至与空气之度相等。此至浅之理，而一定之例也。故善治国者，必先进化其民，非有孟德斯鸠[①]、卢梭[②]，则法国不能成革命之功；非有亚丹·斯密之徒[③]，则英国不能行平税之政，故曰：英雄之能事在造时势而已。

---

① 法国人，著《万法精理》一书，言君主、民主、君民共主三种政体之得失——作者原注。

② 法国人，著《民约论》，言国家乃由民间契约而成者——作者原注。

③ 英国人，为资生学之鼻祖——作者原注。

英雄与时势

(1899 年 9 月 15 日)

或云英雄造时势，或云时势造英雄，此二语皆名言也。为前之说者曰：“英雄者，人间世之造物主也。人间世之大事业，皆英雄心中所蕴蓄而发现者，虽谓世界之历史，即英雄之传记，殆无不可也。故有路得，然后有新教；有哥伦布，然后有新洲；有华盛顿，然后有美国独立；有俾士麦，然后有德国联邦。为后之说者曰：英雄者，乘时者也，非能造时者也。人群之所渐渍、积累、旁薄、蕴蓄，既已持满而将发，于斯时也，自能孕育英雄，以承其乏。故英雄虽有利益及于人群，要不过以其所受于人群之利益面还付之耳。故使路得非生于十六世纪[①]，而生于第十世纪，或不能成改革宗教之功；使十六世纪即无路得，亦必有他人起而改革之者。其他之实例亦然，虽无歌白尼，地动之说终必行于世；虽无哥伦布，美洲新世界终必出现。

余谓两说皆是也。英雄固能造时势，时势亦能造英雄，英雄与时势，二者如形影之相随，未尝少离，既有英雄，必有时势；既有时势，必有英雄。呜呼，今日禹域之厄运，亦已极矣！地球之杀气，亦已深矣！孟子不云乎：“以其数则过矣，其时考之则可矣。”斯乃举天下翘首企足喁喁焉望英雄之时也。二三豪俊为时出，整顿乾坤济时了。我同志，我少年，其可自菲薄乎？

意大利当罗马久亡，教皇猖披，奥国干涉，岌岌不可终日之时，而始有嘉富尔；普鲁士当日耳曼列国散漫积弱，见制法人，国体全失之时，而始有俾士麦；美利坚当受英压制，民不聊生之时，而始有华盛顿。然则，人特患不英不雄耳，果为英雄，则时势之艰难危险何有焉？暴雷烈风，群鸟戢翼恐惧，而蛟龙乘之飞行绝迹焉；惊涛骇浪，鲦鱼失所错愕，而鲸鲲御之一徙千里焉。故英雄之能事，以用时势为起点，以造时势为究竟。英雄与时势，互相为因，互相为果，造因不断，斯结果不断。

---

① 西人以耶稣纪年一百年为一世纪——作者原注。

养心语录

（1899 年 9 月 15 日）

人之生也，与忧患俱来，苟不尔，则从古圣哲，可以不出世矣。种种烦恼，皆为我练心之助；种种危险，皆为我练胆之助；随处皆我之学校也。我正患无就学之地，而时时有此天造地设之学堂以饷之，不亦幸乎！我辈遇烦恼遇危险时，作如是观，未有不洒然自得者。

凡办事必有阻力。其事小者，其阻力亦小；其事愈大，其阻力亦愈大。阻力者乃由天然，非由人事也。故我辈惟当察阻力之来而排之，不可畏阻力之来而避之。譬之江河，千里入海，曲折奔赴，遇有沙石则挟之而下，遇有山陵则绕越而行，要之必以至海为究竟。办事遇阻力者，当作如是观，至诚所感，金石为开，何阻力之有焉！苟畏而避之，则终无一事可办而已，何也？天下固无无阻力之事也。

国权与民权

（1899 年 10 月 15 日）

今天下第一等议论，岂不曰国民乎哉？言民事者，莫不瞋目切齿怒发曰：彼历代之民贼，束缚驰骤，磨牙吮血，以侵我民自由之权，是可忍孰不可忍！言国事者，莫不瞋目切齿怒发曰：彼欧美之虎狼国，眈眈逐逐，鲸吞蚕食，以侵我国自由之权，是可忍孰不可忍！饮冰子曰：其无尔，苟我民不放弃其自由权，民贼孰得而侵之？苟我国不放弃其自由权，则虎狼国孰得而侵之？以人之能侵我，而知我国民自放自弃之罪不可逭矣，曾不自罪而犹罪人耶？昔法兰西之民，自放弃其自由，于是国王侵之，贵族侵之，教徒侵之，当十八世纪之末，黯惨不复睹天日。法人一旦自悟其罪，自悔其罪，大革命起，而法民之自由权完全无缺以至今日，谁复能侵之者？昔日本之国，自放弃其自由权，于是白种人于交涉侵之，于利权侵之，于声音笑貌一一侵之，当庆应、明治之间，局天蹐地于世界中。日人一旦自悟其罪，自悔其罪，维新革命起，而日本国之自由权完全无缺以至今日，谁复能侵之者？然则民之无权，国之无权，其罪皆在国民之放弃耳，于民贼乎何尤？于虎狼乎何尤？今之怨民贼而怒虎狼者，盍亦一旦自悟自悔而自扩张其固有之权，不授人以可侵之隙乎？不然，日日瞋目切齿怒发胡为者？

破坏主义

（1899 年 10 月 15 日）

日本明治之初，政府新易，国论纷糅。伊藤博文、大隈重信、井上馨等共主破坏主义，又名突飞主义，务摧倒数千年之旧物，行急激之手段。当时诸人皆居于东京之筑地，一时目筑地为梁山泊云。饮冰子曰：甚矣破坏主义之不可以已也！譬之筑室于瓦砾之地，将欲命匠，必先荷锸；譬之进药于痞痼之夫，将欲施补，必先重泻。非经大刀阔斧，则输倕无所效其能；非经大黄芒硝，则参苓适足速其死。历观近世各国之兴，未有不先以破坏时代者。此一定之阶级，无可逃避者也。有所顾恋，有所爱惜，终不能成。

破坏主义何以可贵！曰：凡人之情，莫不恋旧，而此恋旧之性质，实阻阏进步之一大根原也。当进步之动力既发动之时，则此性质不能遏之，虽稍参用，足以调和而不致暴乱，盖亦未尝无小补焉。至其未发动之时，则此性质者，可以堵其原，阁其机，而使之经数十年、数百年不能进一步，盖其可畏可恨至于如此也。快刀断乱麻，一拳碎黄鹤，使百千万亿蠕蠕恋旧之徒，瞠目结舌，一旦尽丧其根据之地，虽欲恋而无可恋，然后驱之以上进步之途，与天下万国驰骤于大剧场，其庶乎其可也。

欧洲近世医国之国手，不下数十家。吾视其方最适于今日之中国者，其惟卢梭先生之《民约论》乎！是方也，当前世纪及今世纪之上半，施之于欧洲全洲而效；当明治六七年至十五六年之间，施之于日本而效。今先生于欧洲与日本既已功成而身退矣，精灵未沫，吾道其东，大旗觥觥，大鼓冬冬，大潮汹汹，大风蓬蓬，卷土挟浪，飞沙走石，杂以闪电，趋以万马，尚其来东。呜呼！《民约论》，尚其来东。东方大陆，文明之母，神灵之宫。惟今世纪，地球万国，国国自主，人人独立，尚余此一土以殿诸邦。此土一通，时乃大同。呜呼，《民约论》兮，尚其来东！大同大同兮，时汝之功！

1903 年 2 月，梁在《敬告我国国民》一文中转而对破坏主义持怀疑态度，他说："若夫持破坏主义者，则亦有人矣。吾又勿论其主义之为福，为毒于中国，惟请其自审焉，果有实行此主义之能力与否而已。今之中国，其能为无主义之破坏者，所至皆是矣；其能为有主义之破坏者，吾未见其人也。"编者按。

惟　心

（1900 年 3 月 1 日）

境者心造也。一切物境皆虚幻，惟心所造之境为真实。同一月夜也，琼筵羽觞，清歌妙舞，绣帘半开，素手相携，则有余乐；劳人思妇，对影独坐，促织鸣壁，枫叶绕船，则有余悲。同一风雨也，三两知己，围炉茅屋，谈今道故，饮酒击剑，则有余兴；独客远行，马头郎当，峭寒侵肌，流潦妨毂，则有余闷。“月上柳梢头，人约黄昏后”与“杜宇声不忍闻，欲黄昏，雨打梨花深闭门”，同一黄昏也，而一为欢憨，一为愁惨，其境绝异。“桃花流水杳然去，别有天地非人间”与“人面不知何处去，桃花依旧笑春风”，同一桃花也，而一为清净，一为爱恋，其境绝异。“舳舻千里，旌旗蔽空，酾酒临江，横槊赋诗”与“浔阳江头夜送客，枫叶荻花秋瑟瑟。主人下马客在船，举酒欲饮无管弦”，同一江也，同一舟也，同一酒也，而一为雄壮，一为冷落，其境绝异。然则天下岂有物境哉？但有心境而已！戴绿眼镜者，所见物一切皆绿；戴黄眼镜者，所见物一切皆黄：口含黄连者，所食物一切皆苦：口含蜜饴者，所食物一切皆甜。一切物果绿耶？果黄耶？果苦耶？果甜耶？一切物非绿、非黄、非苦、非甜，一切物亦绿、亦黄、亦苦、亦甜，一切物即绿、即黄、即苦、即甜。然则绿也、黄也、苦也、甜也，其分别不在物而在我，故曰三界惟心。

有二僧因风飏刹幡，相与对论。一僧曰：风动，一僧曰：幡动，往复辨难无所决。六祖大师曰：非风动，非幡动，仁者心自动。任公曰：三界惟心之真理，此一语道破矣。天地间之物一而万、万而一者也。山自山，川自川，春自春，秋自秋，风自风，月自月，花自花，鸟自鸟，万古不变，无地不同。然有百人于此，同受此山、此川、此春、此秋、此风、此月、此花、此鸟之感触，而其心境所现者百焉；千人同受此感触，而其心境所现者千焉：亿万人乃至无量数人同受此感触，而其心境所现者亿万焉，乃至无量数焉。然则欲言物境之果为何状，将谁氏之从乎？仁者见之谓之仁，智者见之谓之智，忧者见之谓之忧，乐者见之谓之乐，吾之所见者，即吾所受之境之真实相也。故曰：惟心所造之境为真实。

然则欲讲养心之学者，可以知所从事矣。三家村学究，得一第，惊喜失度，自世胄子弟视之何有焉？乞儿获百金于路，则挟持以骄人，自富豪家视之何有焉？飞弹掠面而过，常人变色，自百战老将视之何有焉？“一箪食，一瓢饮，在陋巷，人不堪其忧”，自有道之士视之何有焉？天下之境，无一非可乐、可忧、可惊、可喜者，实无一可乐、可忧、可惊、可喜者。乐之、忧之、惊之、喜之，全在人心，所谓“天下本无事，庸人自扰之”，境则一也。而我忽然而乐，忽然而忧，无端而惊，无端而喜，果胡为者？如蝇见纸窗而竞钻，如猫捕树影而跳掷，如犬闻风声而狂吠，扰扰焉送一生于惊喜忧乐之中，果胡为者？若是者，谓之知有物而不知有我；知有物而不知有我，谓之我为物役，亦名曰心中之奴隶。

是以豪杰之士，无大惊，无大喜，无大苦，无大乐，无大忧，无大惧。其所以能如此者，岂有他术哉？亦明三界唯心之真理而已，除心中之奴隶而已。苟知此义，则人人皆可以为豪杰。

慧　观

(1900 年 3 月 1 日)

同一书也，考据家读之，所触者无一非考据之材料；词章家读之，所触者无一非词章之材料；好作灯谜酒令之人读之，所触者无一非灯谜酒令之材料；经世家读之，所触者无一非经世之材料。同一社会也[1]，商贾家入之，所遇者无一非锱铢什一之人；江湖名士入之，所遇者无一非咬文嚼字之人；求宦达者入之，所遇者无一非谄上凌下、衣冠优孟之人；怀不平者入之，所遇者无一非陇畔辍耕、东门倚啸之人。各自占一世界，而各自谓世界之大，已尽于是，此外千形万态，非所见也，非所闻也。昔有白昼攫金于齐市者，吏捕而诘之曰："众目共视之地，汝攫金不畏人耶？"其人曰："吾彼时

---

① 即人群——作者原注。

只见有金，不见有人。”夫一市之人之多，非若秋毫之末之难察也，而攫金者不知之，此其故何哉？昔有佣一蠢仆执爨役者，使购求食物于市，归而曰：“市中无食物。”主人曰：“嘻，鱼也，豕肉也，芥也，姜也，何一不可食者？”于是仆适市，购辄得之。既而亘一月，朝朝夕夕所食者，皆鱼也，豕肉也，芥也，姜也。主人曰：“嘻，盍易他味？”仆曰：“市中除鱼与豕肉与芥与姜之外，无有他物。”夫一市之物之多，非若水中微虫，必待显微镜然后能睹者，而蠢仆不知之，此其故何哉？

任公曰：吾观世人所谓智者，其所见与彼之攫金人与此之蠢仆，相去几何矣？李白、杜甫满地，而衣祓襫、携锄犁者，必不知之；计然、范蠡满地，而摩禹行、效舜趋者，必不知之；陈涉、吴广满地，而飨五鼎、鸣八驺者必不知之。其不知也，则直谓世界中无有此等人也，虽日日以此等人环集于其旁，而彼之视为无有固自若也。不此之笑，而惟笑彼之攫金者与此之蠢仆，何其敝欤？

人谁不见苹果之坠地，而因以悟重力之原理者，惟有一奈端；人谁不见沸水之腾气，而因以悟汽机之作用者，惟有一瓦特；人谁不见海藻之漂岸，而因以觅得新大陆者，惟有一哥伦布；人谁不见男女之恋爱，而因以看取人情之大动机者，惟有一瑟士丕亚。无名之野花，田夫刈之，牧童蹈之，而窝儿哲窝士于此中见造化之微妙焉；海滩之僵石，渔者所淘余，潮雨所狼藉，而达尔文于此中悟进化之大理焉。故学莫要于善观。善观者，观滴水而知大海，观一指而知全身，不以其所已知蔽其所未知，而常以其所已知推其所未知，是之谓慧观。

舆论之母与舆论之仆

(1902 年 2 月 8 日)

凡欲为国民有所尽力者，苟反抗于舆论，必不足以成事。虽然，舆论之所在，未必为公益之所在。舆论者，寻常人所见及者也；而世界贵有豪杰，贵其能见寻常人所不及见，行寻常人所不敢行也。然则豪杰与舆论常不相容，若是，豪杰不其殆乎？然古今尔许之豪杰，能烂然留功名于历史上者踵相接，则何以故？

赫胥黎尝论格兰斯顿曰："格公诚欧洲最大智力之人，虽然，公不过从国民多数之意见，利用舆论以展其智力而已。"约翰·摩礼（英国自由党名士，格公生平第一亲交也）驳之曰："不然。格公者，非舆论之仆，而舆论之母也。格公常言：大政治家不可不洞察时势之真相，唤起应时之舆论而指导之，以实行我政策。此实格公一生立功成业之不二法门也，盖格公每欲建一策行一事，必先造舆论，其事事假借舆论之力，固不诬也。但其所假之舆论，即其所创造者而已。”

饮冰子曰：谓格公为舆论之母也可，谓格公为舆论之仆也亦可。彼其造舆论也，非有所私利也，为国民而已。苟非以此心为鹄，则舆论必不能造成。彼母之所以能母其子者，以其有母之真爱存也。母之真爱其子也，恒愿以身为子之仆。惟其尽为仆之义务，故能享为母之利权。二者相应，不容假借，豪杰之成功，岂有侥幸耶？

古来之豪杰有二种：其一，以己身为牺牲，以图人民之利益者；其二，以人民为刍狗，以遂一己之功名者。虽然，乙种之豪杰，非豪杰而民贼也。二十世纪以后，此种虎皮蒙马之豪杰，行将绝迹于天壤。故世界愈文明，则豪杰与舆论愈不能相离。然则欲为豪杰者如之何？曰：其始也，当为舆论之敌；其继也，当为舆论之母；其终也，当为舆论之仆。敌舆论者，破坏时代之事业也；母舆论者，过渡时代之事业也；仆舆论者，成立时代之事业也。非大勇不能为敌，非大智不能为母，非大仁不能为仆，具此三德，斯为完人。

文明与英雄之比例

(1902 年 2 月 8 日)

世界果借英雄而始成立乎？信也。吾读数千年中外之历史，不过以百数十英雄之传记磅礴充塞之，使除出此百数十之英雄，则历史殆黯然无色也。虽然，使其信也，则当十九世纪之末叶，旧英雄已去，新英雄未来，其毋乃二十世纪之文明，将随十九世纪之英雄以坠于地？此中消息，有智慧者欲一参之。

试观英国，格兰斯顿去矣，自由党名士中，可以继起代兴者谁乎？康拔乎？班拿曼乎？罗士勃雷乎？殆非能也。试观德国，俾士麦去矣，能步其武者，今宰相秘罗乎？抑阿肯罗乎？抑亚那特乎？殆非能也。试观俄国，峨查份去矣，能与比肩者，谟拉比埃乎？谟拉士德乎？殆非能也。然则今日欧洲之政界，殆冷清清地，求如数十年前之大英雄者，渺不可睹，而各国之外交愈敏活，兵制愈整结，财政愈充溢，国势愈进步，则何以故？

吾敢下一转语曰：英雄者，不祥之物也。人群未开化之时代则有之，文明愈开，则英雄将绝迹于天壤。故愈在上古，则英雄愈不世出，而愈见重于时。上古之人之视英雄，如天如神，崇之拜之，以为终非人类之所能及①。若此者，谓之英雄专制时代，即世界者，英雄所专有物而已。降及近世，此风稍熄。英雄固亦犹人，人能知之，虽然，常秀出于万人之上，凤毛麟角，为世界珍。夫其所以见珍者，亦岂有侥幸耶？万人愚而一人智，万人不肖而一人贤，夫安得不珍之？后世读史者，啧啧于一英雄之丰功伟烈，殊才奇识，而不知其沉埋于蚩蚩蠕蠕、浑浊黑暗之世界者，不知几何人也。

二十世纪以后将无英雄。何以故？人人皆英雄故！英雄云者，常人所以奉于非常人之徽号也。畴昔所谓非常者，今则常人皆能之，于是乎彼此皆英雄，彼此互消，而英雄之名词，遂可以不出现。夫今之常人，所以能为昔之非常人；而昔之非常人，只能为今之常人者，何也？其一，由于教育之普及。昔者教法不整，其所教者不足以尽高才人脑筋之用，故往往逸去，奔轶绝尘；今则诸学大备，智慧日平等，平等

① 中国此风亦不少，如关羽、岳飞之类皆是——作者原注。

之英雄多，而独秀之英雄自少。其二，由于分业之精繁。昔者一人而兼任数事，兼治数学，中才之人，力有不及，不得不让能者以独步焉；今则无论艺术，无论学问，无论政治，皆分劳赴功，其分之日细，则专之者自各出其长，而兼之者自有所不逮，而古来全知全能之英雄，自不可复见。

若是乎，世界之无英雄，实世界进步之征验也。一切众生皆成佛，则无所谓佛；一切常人皆为英雄，则无所谓英雄。古之天下，所以一治一乱如循环者，何也？恃英雄也。其人存则其政举，其人亡则其政息，即世界借英雄而始成立之说也。故必到人民不倚赖英雄之境界，然后为真文明，然后以之立国而国可立，以之平天下而天下可平。

虽然，此在欧美则然耳。若今日之中国，则其思想发达、文物开化之度，不过与四百年前之欧洲相等，不有非常人起，横大刀阔斧，以辟榛莽而开新天地，吾恐其终古如长夜也。英雄乎，英雄乎，吾夙昔梦之，吾顶礼祝之！

干涉与放任

（1902 年 10 月 2 日）

古今言治术者，不外两大主义：一曰干涉，二曰放任。干涉主义者，谓当集权于中央，凡百皆以政府之力监督之，助长之，其所重者在秩序；放任主义者，谓当散权于个人，凡百皆听民间自择焉，自治焉，自进焉，其所重者在自由。此两派之学者，各是其所是，非其所非，皆有颠扑不破之学理，以自神明其说。泰西数千年历史，实不过此两主义之迭为胜负而已，于政治界有然，于生计界亦有然。大抵中世史纯为干涉主义之时代；十六七世纪，为放任主义与干涉主义竞争时代；十八世纪及十九世纪之上半，为放任主义全胜时代；十九世纪之下半，为干涉主义与放任主义竞争时代；二十世纪，又将为干涉主义全胜时代。

请言政治界。中世史之时，无所谓政治上之自由也。及南欧市府勃兴，独立自治之风略起，尔后霍布士、陆克诸哲，渐倡民约之论，然霍氏犹主张君权。及卢梭兴，而所以掊击干涉主义者，不遗余力，全世界靡然应之，演成十九世纪之局。近儒如约翰·弥勒，如斯宾塞，犹以干涉主义为进化之敌焉。而伯伦知理之国家全权论，亦起于放任主义极盛之际，不数十年已有取而代之之势。畴昔谓国家恃人民而存立，宁牺牲凡百之利益以为人民者，今则谓人民恃国家而存立，宁牺牲凡百之利益以为国家矣。自今以往，帝国主义益大行，有断然也。帝国主义者，干涉主义之别名也。

请言生计界。十六七世纪，重商学派盛行，所谓哥巴政略者，披靡全欧，各国相率仿效之，此为干涉主义之极点。及十八世纪重农学派兴，其立论根据地，与卢梭等天赋人权说同出一源；斯密亚丹出，更取自由政策，发挥而光大之；此后有门治斯达派者，益为放任论之本营矣；而自由竞争之趋势，乃至兼并盛行。富者益富，贫者益贫，于是近世所谓社会主义者出而代之。社会主义者，其外形若纯主放任，其内质则实主干涉者也，将合人群使如一机器然，有总机以纽结而旋掣之，而于不平等中求平等。社会主义，其必将磅礴于二十世纪也明矣。故曰：二十世纪为干涉主义全胜时代也。

然则此两主义者，果孰是而孰非耶？孰优而孰劣耶？曰，皆是也，各随其地，各随其时，而异其用；用之而适于其时与其地者则为优，反是则为劣。曰：今日之中国，于此两主义者，当何择乎？曰：今日中国之弊，在宜干涉者而放任，宜放任者而干涉。窃计治今日之中国，其当操干涉主义者十之七，当操放任主义者十之三，至其部分条理，则非片言所能尽也。

论公德

（1902 年 3 月 10 日）

我国民所最缺者，公德其一端也。公德者何？人群之所以为群，国家之所以为国，赖此德焉以成立者也。人也者，善群之动物也①。人而不群，禽兽奚择？而非徒空言高论曰群之群之，而遂能有功者也。必有一物焉贯注而联络之，然后群之实乃举，若此者谓之公德。

道德之本体一而已，但其发表于外，则公私之名立焉。人人独善其身者谓之私德，人人相善其群者谓之公德，二者皆人生所不可缺之具也。无私德则不能立，合无量数卑污、虚伪、残忍、愚懦之人，无以为国也；无公德则不能团，虽

---

① 此西儒亚里士多德之言——作者原注。

有无量数束身自好、廉谨良愿之人，仍无以为国也。吾中国道德之发达，不可谓不早，虽然，偏于私德，而公德殆阙如。试观《论语》《孟子》诸书，吾国民之木铎，而道德所从出者也。其中所教，私德居十之九，而公德不及其一焉。如《皋陶谟》之“九德”；《洪范》之“三德”；《论语》所谓“温良恭俭让”，所谓“克己复礼”，所谓“忠信笃敬”，所谓“寡尤寡悔”，所谓“刚毅木讷”，所谓“知命知言”；《大学》所谓“知止慎独”，“戒欺求慊”；《中庸》所谓“好学力行知耻”，所谓“戒慎恐惧”，所谓“致曲”；《孟子》所谓“存心养性”，所谓“反身强恕”，凡此之类，关于私德者，发挥几无余蕴，于养成私人[①]之资格，庶乎备矣。虽然，仅有私人之资格，遂足为完全人格乎？是固不能。今试以中国旧伦理，与泰西新伦理相比较：旧伦理之分类，曰君臣，曰父子，曰兄弟，曰夫妇，曰朋友；新伦理之分类，曰家族伦理，曰社会[②]伦理，曰国家伦理。旧伦理所重者，则一私人对于一私人之事也[③]；新伦理所重者，则一私人对于一团

① 私人者对于公人而言，谓一个人不与他人交涉之时也——作者原注。

② 即人群——作者原注。

③ 一私人之独善其身，固属于私德之范围，即一私人与他私人交涉之道义，仍属于私德之范围也，此可以法律上公法、私法之范围证明之——作者原注。

体之事也[①]。夫一私人之所以自处，与一私人之对于他私人，其间必贵有道德者存，此奚待言！虽然，此道德之一部分，而非其全体也。全体者，合公私而兼善之者也。

私德公德，本并行不悖者也。然提倡之者既有所偏，其末流或遂至相妨。若微生亩讥孔子以为佞，公孙丑疑孟子以好辩，此外道浅学之徒其不知公德，不待言矣；而大圣达哲，亦往往不免。吾今固不欲摭拾古人片言只语有为而发者，摘之以相诟病。要之，吾中国数千年来，束身寡过主义，实为德育之中心点。范围既日缩日小，其间有言论行事，出此范围外，欲为本群本国之公利公益有所尽力者，彼曲士贱儒，动辄援“不在其位，不谋其政”等偏义，以非笑之、挤排之。谬种流传，习非胜是，而国民益不复知公德为何物！今夫人之生息于一群也，安享其本群之权利，即有当尽于其本群之义务；苟不尔者，则直为群之蠹而已。彼持束身寡过主义者，以为吾虽无益于群，亦无害于群，庸讵知无益之即为

---

① 以新伦理之分类，归纳旧伦理，则关于家族伦理者三：父子也，兄弟也，夫妇也；关于社会伦理者一：朋友也；关于国家伦理者一：君臣也。然朋友一伦，决不足以尽社会伦理；君臣一伦，尤不足以尽国家伦理，何也？凡人对于社会之义务，决不徒在相知之朋友而已，即绝迹不与人交者，仍于社会上有不可不尽之责任。至国家者，尤非君臣所能专有，若仅言君臣之义，则使以礼，事以忠，全属两个私人感恩效力之事耳，于大体无关也。将所谓逸民不事王侯者，岂不在此伦范围之外乎？夫人必备此三伦理之义务，然后人格乃成。若中国之五伦，则惟于家族伦理稍为完整，至社会、国家伦理，不备滋多，此缺憾之必当补者也，皆由重私德轻公德所生之结果也——作者原注。

害乎！何则？群有以益我，而我无以益群，是我逋群之负而不偿也。夫一私人与他私人交涉，而逋其所应偿之负，于私德必为罪矣，谓其害之将及于他人也。而逋群负者，乃反得冒善人之名，何也？使一群之人，皆相率而逋焉，彼一群之血本，能有几何？而此无穷之债客，日夜蠹蚀之而瓜分之，有消耗，无增补，何可长也！然则其群必为逋负者所拽倒，与私人之受累者同一结果，此理势之所必然矣。今吾中国所以日即衰落者，岂有他哉，束身寡过之善士太多，享权利而不尽义务，人人视其所负于群者如无有焉，人虽多，曾不能为群之利，而反为群之累，夫安得不日蹙也！

父母之于子也，生之育之，保之教之，故为子者有报父母恩之义务。人人尽此义务，则子愈多者，父母愈顺，家族愈昌；反是则为家之索矣。故子而逋父母之负者，谓之不孝，此私德上第一大义，尽人能知者也。群之于人也，国家之于国民也，其恩与父母同。盖无群无国，则吾性命财产无所托，智慧能力无所附，而此身将不可以一日立于天地。故报群报国之义务，有血气者所同具也。苟放弃此责任者，无论其私德上为善人、为恶人，而皆为群与国之蝥贼。譬诸家有十子，或披剃出家，或博弈饮酒，虽一则求道，一则无赖，其善恶之性质迥殊，要之不顾父母之养，为名教罪人则一也。明乎此义，则凡独善其身以自足者，实与不孝同科。案公德以审判之，虽谓其对于本群而犯大逆不道之罪，亦不为过。

某说部寓言，有官吏死而冥王案治其罪者，其魂曰："吾无罪，吾作官甚廉。"冥王曰："立木偶于庭，并水不饮，不更胜君乎！于廉之外一无所闻，是即君之罪也。"遂炮烙之。欲以束身寡过为独一无二之善德者，不自知其已陷于此律而不容赦也。近世官箴，最脍炙人口者三字，曰清、慎、勤。夫清、慎、勤岂非私德之高尚者耶？虽然，彼官吏者受一群之委托而治事者也，既有本身对于群之义务，复有对于委托者之义务，曾是清、慎、勤三字，遂足以塞此两重责任乎？此皆由知有私德，不知有公德。故政治之不进，国华之日替，皆此之由。彼官吏之立于公人地位者且然，而民间一私人更无论也。我国民中无一人视国事如己事者，皆公德之大义未有发明故也。

且论者亦知道德所由起乎？道德之立，所以利群也。故因其群文野之差等，而其所适宜之道德，亦往往不同，而要之以能固其群、善其群、进其群者为归。夫英国宪法，以侵犯君主者为大逆不道①：法国宪法，以谋立君主者为大逆不道；美国宪法，乃至以妄立贵爵名号者为大逆不道②。其道德之外形相反如此，至其精神则一也。一者何？曰：为一群

---

① 各君主国皆然——作者原注。

② 凡违宪者皆大逆不道也——作者原注。

之公益而已。乃至古代野蛮之人，或以妇女公有为道德[①]；或以奴隶非人为道德[②]。而今世哲学家，犹不能谓其非道德。盖以彼当时之情状所以利群者，惟此为宜也。然则道德之精神，未有不自一群之利益而生者，苟反于此精神，虽至善者，时或变为至恶矣[③]。是故公德者，诸国之源也，有益于群者为善，无益于群者为恶[④]，此理放诸四海而准，俟诸百世而不惑者也。至其道德之外形，则随其群之进步以为比例差，群之文野不同，则其所以为利益者不同，而其所以为道德者亦自不同。德也者，非一成而不变者也[⑤]，非数千年前之古人能立一定格式以范围天下万世者也[⑥]。然则吾辈生于此群，生于此群之今日，宜纵观宇内之大势，静察吾族之所宜，而发明一种新道德，以求所以固吾群、善吾群、进吾群之道，未可以前王先哲所罕言者，遂以自画而不敢进也。知有公德，

---

① 一群中之妇女为一群中之男子所公有物，无婚姻之制也。古代斯巴达尚不脱此风——作者原注。

② 视奴隶不以人类，古贤柏拉图、阿里士多德皆不以为非，南北美战争以前，欧美人尚不以此事为恶德也——作者原注。

③ 如自由之制，在今日为至美，然移之于野蛮未开之群，则为至恶；专制之治，在古代为至美，然移之于文明开化之群，则为至恶。是其例证也——作者原注。

④ 无益而有害者为大恶，无害亦无益者为小恶——作者原注。

⑤ 吾此言颇骇俗，但所言者德之条理，非德之本原，其本原固亘万古而无变者也。读者幸勿误会。本原惟何？亦曰利群而已——作者原注。

⑥ 私德之条目，变迁较少，公德之条目，变迁尤多——作者原注。

而新道德出焉矣，而新民出焉矣[①]！公德之大目的，既在利群，而万千条理即由是生焉。本论以后各子目，殆皆可以“利群”二字为纲，以一贯之者也。故本节但论公德之急务，而实行此公德之方法，则别著于下方。

---

① 今世士夫谈维新者，诸事皆敢言新，惟不敢言新道德，此由学界之奴性未去，爱群、爱国、爱真理之心未诚也。盖以为道德者，日月经天，江河行地，自无始以来，不增不减，先圣昔贤，尽揭其奥，以诏后人，安有所谓新焉旧焉者？殊不知，道德之为物，由于天然者半，由于人事者亦半，有发达有进步，一循天演之大例。前哲不生于今日，安能制定悉合今日之道德？使孔孟复起，其不能不有所损益也亦明矣。今日正当过渡时代，青黄不接，前哲深微之义，或湮没而未彰，而流俗相传简单之道德，势不足以范围今后之人心，且将有厌其陈腐而一切吐弃之者。吐弃陈腐，犹可言也，若并道德而吐弃，则横流之祸，曷其有极！今此祸已见端矣。老师宿儒，或忧之，劬劬焉欲持宋元之余论以遏其流，岂知优胜劣败，固无可逃。捧抔土以塞孟津，沃杯水以救薪火，虽竭吾才，岂有当焉。苟不及今急急斟酌古今中外，发明一种新道德者而提倡之，吾恐今后智育愈盛，则德育愈衰，泰西物质文明尽输入中国，而四万万人且相率而为禽兽也。呜呼！道德革命之论，吾知必为举国之所诟病，顾吾特恨吾才之不逮耳，若夫与一世之流俗人挑战决斗，吾所不惧，吾所不辞。世有以热诚之心爱群、爱国、爱真理者乎？吾愿为之执鞭，以研究此问题也——作者原注。

论毅力

（1902 年）

曾子曰："士不可以不弘毅，任重而道远，仁以为己任，不亦重乎？死而后已，不亦远乎？"圣哉斯言，圣哉斯言！欲学为"人"者，苟非于此义笃信死守，身体而力行之，虽有高志，虽有奇气，虽有异才，终无所成。

人治者，常与天行相搏，为不断之竞争者也。天行之为物，往往与人类所期望相背，故其反抗力至大且剧。而人类向上进步之美性，又必非可以现在之地位而自安也。于是乎人之一生，如以数十年行舟于逆水中，无一日而可以息。又不徒一人为然也，大而至于一民族，更大而至于全世界，皆循兹轨道而日孜孜者也。其希望愈远，其志事愈大者，其所遭拂戾之境遇必愈众。譬犹泛涧沚者与行江河者与航洋海者之比例，其艰难之程度，恒与其所历境界之广狭相应，事理固然，无足怪者。

天下古今成败之林，若是其莽然不一途也。要其何以成，何以败？曰：有毅力者成，反是者败。盖人生历程，大抵逆境居十六七，顺境亦居十三四。而顺逆两境，又常相间以迭乘。无论事之大小，而必有数次乃至十数次之阻力，其阻力虽或大或小，而要之必无可逃避者也。其在志力薄弱之士，始固曰，吾欲云云，吾欲云云。其意以为天下事固易易也。及骤尝焉，而阻力猝来，颓然丧矣；其次弱者，乘一时之客气，透过此第一关，遇再挫而退；稍强者，遇三四挫而退；更稍强者遇五六挫而退。其事愈大者，其遇挫愈多，其不退也愈难，非至强之人，未有能善于其终者也。夫苟其挫而不退矣，则小逆之后必有小顺，大逆之后必有大顺。盘根错节之既破，而遂有应刃而解之一日。旁观者徒艳羡其功之成，以为是殆幸运儿，而天有以宠彼也；又以为我蹇于遭逢，故所就不彼若也。庸讵知所谓蹇焉幸焉者，彼皆与我之所同，而其能征服此蹇焉、利用此幸焉与否，即彼成我败所由判也。更譬诸操舟，如以兼旬之期行千里之地者，其间风潮之或顺或逆，常相参伍，彼以坚苦忍耐之力，冒其逆而突过之，而后得从容以度其顺：我则或一日而返焉，或二三日而返焉，或五六日而返焉，故彼岸终不可得达也。孔子曰："譬如为山，未成一篑，止，吾止也。譬如平地，虽覆一篑，进，吾往也。"孟子曰："有为者譬若掘井，掘井九仞而不及泉，犹为弃井也。”成败之数，视此而已。

人不可无希望，然希望常与失望相倚，至于失望，而心盖死矣。养其希望勿使失者，厥惟毅力。故志不足恃，气不足恃，才不足恃，惟毅力者足恃。昔摩西古代之第一伟人也，彼悯犹太人受轭于埃及也，是其志之过人也。然其携之以出埃及也，始焉犹太人不欲，经十余年乃能动焉；既动矣，而埃及人尼之截之，经十余战乃能出焉；既出矣，而所欲至之目的不得达，彷徨沙漠中者又四十年焉。使摩西毅力稍不足，或于其初也，见犹太人之顽固难动，而灰其心焉；于其中也，见埃及人之强悍难敌而灰其心焉；于其终也，见迦南乐土之艰险不易达，而灰其心焉。苟有一者，则摩西必为失败之人，无可疑也。昔哥伦布，新世界之开辟者也，彼信海西之必有大陆，是其识之过人也。然其早年，丧其爱妻，丧其爱子，丧其资财，穷饿无聊，行乞于市，既而游说于豪贵，豪贵笑之；建白于葡萄牙政府，政府斥之。及其承西班牙王之命初航海也，舟西指，六十余日不见寸土，同行之人，失望思归，从而尼之挠之者不下十数次，乃至共谋杀其身饮其血，使哥伦布毅力稍不足，则初焉以穷困而沮，继焉以不遇知己而沮，继焉以艰难而沮，终焉以险祸而沮，苟有一者，则哥伦布必为失败之人，无可疑也。昔巴律西，法兰西著名之美术家也，尝悯法国磁器之粗拙，欲改良之，筑灶以试验者数年，家资尽罄，再筑灶而益以薪，又复失败。已无复三度筑灶之资，犹复集土器三百余，附窑以试验之，历一日夜不交睫，曾无尺寸功，如是者殆十年。卒为第四度最后之大试验，乃作灶于家，砖石筑造，皆躬自任，阅七八月，灶始成，乃抟土制器，涂药入灶，火热一昼夜间，坐其旁以待旦，其妻持朝食供之，终不忍离。至第二日，质终未融，日沉西，又不去，待之。于是蓬首垢面，憔悴无人形。如是者越三日四日五日六日，相续至七日，未一假寐，而功遂不就。自兹以往，调新质而捣炼之，坐守十余日二十日以为常。最后一度，质既备，火既焚，热既炽，功将成矣，薪忽告竭，而火又不能减也。巴律西爽然自失，伤其功之将堕，乃拔园篱之木以代之，犹不足，碎其桌及椅投诸火，犹不足，碎其架，犹不足，碎其榻，犹不足，碎其门，妻子以为狂，号于室而奔告其邻，未几，所烧之质遂融，色光泽，俨然良器矣。于是巴律西送其至困极苦之生涯于此器者，已十八年。使巴律西毅力稍不足者，则必为失败之人，无可疑也。昔维尔德，创设海底电线之人也，彼其拥巨万之赀，倾心以创此业，欲自美至英，超海以通电信，请助于英政府，几经哀求，始见许。而美国议院为激烈之反对，其赞助仅以一票之多数得通过，亦既困难极矣。及其始敷设也，第一次至五百里而失败，第二次至二百里，以电流不通而失败；第三次将告成矣，而所乘之军舰，又以倾射不能转运，线亦中断。第四次以两军舰，一向爱尔兰，一向尼科德兰，相距三里，线仍断。第五次再试，则两舰距离八十里，电流始通，又突失败。监督诸员皆绝望，资本家亦有悔志。第六次至海上七百里，地名利鞠者，电信始通，谓已成矣。既而电流忽突然停止，又复失败。第七次更别购良线，建设至距尼科德兰六百里处，将近结果，线又断。此大业遂阅一年有奇，而维尔德之家资已耗尽矣。犹复哓音瘏口，劳魂瘁形，游说英美之有力者，别设一新公司而功乃始就，至今全地球食其利。使维尔德毅力稍不足者，则虽历一次二次乃至三四五六七八次，其终为失败之人，无可疑也。此其最著者也。乃若的士黎礼，四度争议员选举不第，而卒为英名相；加里波的，五度起革命军不成，而卒建新意大利；士提反孙之作行动机器也，十五年始成；瓦德之作蒸气机器也，三十年始成；孟德斯鸠之《万法精理》，二十五年始成；斯密亚丹之《原富》，十年始成；达尔文之《种源论》，十六年成；吉朋之《罗马衰亡史》，二十年始成；倭斯达之《大辞典》，三十六年始成；马达加斯加之传教师，十年始得一信徒；吉德林之传教于缅甸，拿利林之传教于中国，一则五年，一则七年，乃得一信徒。由此观之，世无论古今，业无论大小，其卓然能成就以显于世而传于后者，岂有一不自坚忍沉毅而来哉？又不徒西国为然也。请征诸我先民，勾践之在会稽也，田单之在即墨也，汉高之在荥阳、成皋也，皆其败也，即其所以成也；使三子者毅力稍不足，则为失败之人也。张骞之使西域也，濒于死者屡，往往不食数日乃至十数日，前后历十三年，而卒宣汉威于域外。使骞毅力稍不足，则为失败之人也。刘备初用徐州而蹶，次用豫州而又蹶，次用荆州而又蹶；年将垂暮，始得益州以定大业。使备毅力稍不足，则为失败之人也。

玄奘以唐国师之尊，横葱岭，适印度，猛兽困之，瘴疠困之，饥渴困之，语言之不通困之，卒经十七年，尽学其正法外道，归而弘布于祖国。使元奘毅力稍不足，则为失败之人也。且勿征诸远，即最近数十年来威德巍巍照耀环宇，若曾文正其人者，其初起时之困心衡虑，宁复可思议？饷需则罗掘不足[①]，兵勇则调和两难[②]，将裨则驾驭匪易[③]，衡州水师经营积年，甫出即败于靖港，愤欲自沉，复思乃止。直至咸丰十年，任江督，驻祁门，而苏常新陷，徽州继之，圜左右八百里皆贼地，或劝移营江西以保饷源，或劝迁麾江干以通粮路，文正乃曰："吾去此寸步无死所！"及同治元年，合围金陵之际，疾疫忽行，上自芜湖，下迄上海，无营不病，杨（岳斌）、曾（国荃）、鲍（超）诸统将，皆呻吟床蓐，堞无守望之兵，

---

① 《与李小泉书》云："仆在衡极力劝捐，总无起色，所入皆钱尚不满万，各邑绅士来衡殷殷相助，奈乡间自乏此物，莫可如何。欲放手一办，辄复以此阻败，只恼人耳。"又《复骆中丞书》云："捐输一事，所托之友所发之书盖已不少，据称持至岁暮，某处一千，某处五百，俱可按籍而索，事虽同乎水中之月，犹冀得乎十分之五，一经摇动，则全局皆空。"云云，盖当时以乡绅办团，只恃捐输不仰帑藏故也——作者原注。

② 文正在衡初办团时，标兵疾之，至闯入公所与之为难，文正仅以身免。其文集中书札卷二《与王璞山书》《上吴甄甫制军书》各篇苦情如诉，词多不录——作者原注。

③ 《复骆中丞书》云："王璞山本侍所器倚之人，今年于各处表暴其贤，盖亦口疲于赞扬，手倦于书写。而璞山不谅我心，颇生猜疑，侍所与之札饬，言撤勇事者，概不回答，既无公牍，又无私书。曾未同涉风波之险，已有不受节制之意。同舟而树敌国，肝胆而变楚越。"云云，当时用人之难，可见一斑矣。类此者犹夥——作者原注。

厨无炊爨之卒，而苦守力战，阅四十六日，乃得拔。事后自言此数月中，心胆俱碎，观其《与邵位西书》云："军事非权不威，非势不行。弟处无权无势之位，常冒争权争势之嫌，年年依人，顽钝寡效。"《与刘霞仙书》云："虹贯荆卿之心，而见者以为淫氛。碧化苌宏之血，而览者以为顽石。古今同慨，我岂伊殊。屈累所以一沉而万世不复者，良有以也。"又《复郭筠仙书》云："国藩昔在湖南、江西，几于通国不能相容，六七年间，浩然不欲复闻世事，然造端过大，以不顾生死自命，宁当更问毁誉？以拙进而以巧退，以忠义劝人，而以苟且自全，即魂魄犹有余羞。"盖当时所处之困难，如此其甚也。功成业定之后，论者以为乘时际会，天独厚之，而岂知其停辛伫苦铢积寸累百折不回而始有今日也。使曾文正毅力稍不足者，则其为失败之人，无可疑也。呜呼，综观此中西十数君子，则我辈所以求自立于天地间者，可以思矣，可以兴矣。拿破仑曰："兵家胜败，在最后之十五分钟而已。盖我困之时，人亦困之时也。我疲之时，人亦疲之时也。际人之困疲，而我一鼓勇气以继之，则胜利固不得不在我。"此言乎成功之术之非难也。古语曰："行百里者半九十。"此言乎成功之道之非易也。难耶？易耶？惟志士自择之。

抑成败云者，又非可以庸耳俗目而论定者也。凡人所志所事愈大，则其结果愈大，而成就亦愈迟。如彼志救一国者，而一国之进步，往往数十百年乃始得达。志救天下者，而天下之进步，往往数百千年乃始得达。而此眇眇七尺之躯壳，虽豪杰，虽圣贤，曾不能保留之使逾数十寒暑以外，然则事事而欲亲睹其成，宁复有大事之可任耶？是故当知马丁·路得故成也，而拉的马、列多黎、格兰玛[①]亦不可谓不成。哥伦布固成也，而伋顿曲[②]亦不可谓不成。狄渥固成也，而噶苏士亦不可谓不成。加富尔固成也，而玛志尼亦不可谓不成。大久保、木户固成也，而吉田松阴、藤田东湖亦不可谓不成。曾国藩固成也，而江忠源、罗泽南、李续宾亦不可谓不成。成败云者，惟其精神，不惟其形式也。不然，若孔子干七十二君无所用，伐檀削迹，老于道路。若耶稣受磔十字架，其亦可谓之败耶？故真有毅力者，惟怀久远之希望，而不计目前之成败，非不求成，知其成非在旦夕，故不求也。成且不求，而宁复有可败之道乎？浅见者流，睹其躯壳之或窜或锢或杀，而妄拟议之曰：是实效焉。而岂知天下事固往往败于今而成于后，败于我而成于人。有既造之因，必有终结之果。天下惟不办事者，立于全败之地。而真办事者，固必立于不败之地也。故吾尝谓毅力有二种，一曰兢惕于成败，而竭全力以赴之，鼓余勇以继之者，刚毅之谓也；二曰解脱于成败，而尽天职以任之，献生命以殉之者，沉毅之谓也。

若是者，岂惟一私人为然耳，即一民族亦有然。伟大之

① 三人皆为宗教革命而死者，格兰玛缚于柱而焚杀——作者原注。

② 伋顿曲在夏威夷为土人所杀——作者原注。

民族，其举动常有一远大之目的，汲汲焉向之以进行，历数十年数百年如一日。不观英国乎？自克林威尔以来，以通商殖民为国是，尔后数百年不一退转，驯至世界大地图中，五大洋深绿色里。斑斑作朱点者，皆北端眇眇三岛之附从奴仆也。十字角之旗，翩翻五大陆万岛屿之上，乃至不与日同出入，而至今犹歉然若不足，殖民大臣漫游全世界，汲汲更讲涨进之法。不见俄国乎？自彼得大帝以来，以东向侵略为国是，尔后数百年不一退转，其于近东也，欧亚诸国合力沮之，其于远东也，乃至欧亚美诸国全力沮之，而锐气不稍挫，近日确然益树实力于满洲，而达达尼尔事件①，又见告矣。计全球数十国中，其有朝气方鼎盛者，不过十数，揆厥所由，未有不自彼国民之有毅力来者也。岂无一二仗客气趁风潮，随雄国以学邯郸步者？然昙花一瞥，颓落依然。今南美洲诸国是其前车也。孟子曰："祸福尢不自己求之者。"天之降鉴下民，岂有所私耶？呜呼，国民国民，可以鉴矣！

吾观我祖国民性之缺点，不下十百，其最可痛者，则未有若无毅力焉者也。其老辈者，有权力者，众目之曰守旧。夫守旧则何害？英国保守党之名誉历史，岂不赫赫在人耳目耶②？然守则守矣，既守之则当以身殉之，顾何以戊戌新政

① 此最近之国际问题，俄国蔑视《柏林条约》，以兵船渡土耳其之达达尼尔海峡，以出黑海也——作者原注。

② 现内阁亦保守党——作者原注。

一颁，而举国无守旧党者竟三阅月也？义和团之起也，吾党虽怜其愚，而犹惊其勇，以为排外义愤，有足多焉，而何以数月之力，不能下一区区使馆也？而何以联军一至，其在下者，惟有顺民旗，不复有一义和团？其在上者惟有二毛子，不复有一义和团也？各省闹教之案，固野蛮之行也。虽然，吾闻日本三十年前，固常有民间暴动滥戕外人之事，及交涉起，其首事者则自戕于外国官吏之前，不以义愤贻君父忧。而吾国民之为此者，何以一呼而蜂蚁集，一哄而鸟兽散，不顾大局，而徒以累国家也？若夫所谓新进者，稍知外事者，翘然揭橥一维新之徽章于额角，夫维新则岂非善事？然既新矣，则亦当以身殉之，顾何以见声色而新者去其十之三四？语金钱而新者去其十之五六？睹宦达而新者且去其十之八九也？或曰，此盖其心术败坏使然。彼其在初固未尝确有见于旧之宜守，确有见于新之不可以已也，不过伺朝廷之眼波以为显官计，博时髦之虚名以为啖饭地耳。吾谓此等人固自不少，而吾终不敢以此阴险黠诈之恶名，尽概天下士也。要之，其志力薄弱，知及而仁不能守，有初而鲜克有终者，比比然尔。彼守旧者不足道矣，至如号称维新者流，论者或谓但有此辈，亦慰情胜无。呜呼，吾窃以为误矣。天下事不知焉者尚有可望，知而不行者则无可望；知而不行尚有可望，行而不能力、不能终者，最无可望。故得聪明而软弱者亿万，不如得朴诚而沉毅者一二。今天下志士亦纷纷矣，其大多数者，果属于此，抑属于彼？吾每一念及，不能不为我国前途疑且惧也。嗟乎！一国中朝野上下，人人皆有假日娱乐之心，有遑恤我后之想；翩翩年少，弱不禁风；皤皤老成，尸居余气；无三年能持续之国的，无百人能固结之法团。呜呼！有国如此，不亡何待哉？不亡何待哉？

守旧者吾无责焉，伪维新者吾无责焉，吾请正告吾党之真有志于天下事者曰：公等勿恃客气也，勿徒悚动于一时之高论，以为吾知此吾言此而吾事毕也。西哲有恒言："知责任者大丈夫之始，行责任者大丈夫之终。"吾侪不认此责任则已耳，苟既认之，则当如妇人之于所夫，终身不二，矢死靡他。吾侪初知责任之日，即此身初嫁与国民之日也，自顶至踵，夫岂复我所得私？于此而欲不亹亹焉，夫亦安得避也？然天下事顺逆之常相倚也又如彼，吾党乎吾党乎，当知古今天下无有无阻力之事，苟其畏阻力也，则勿如勿办，竟放弃其责任以与齐民伍。而不然者，则种种烦恼，皆为我练心之助；种种危险，皆为我练胆之助；种种艰大，皆为我练智练力之助；随处皆我之学校也，我何畏焉？我何怨焉？我何馁焉？我愿无尽，我学无尽，我知无尽，我行无尽。孔子曰："望其圹，睪如也，臯如也，君子息焉，小人休焉。"毅之至也，圣之至也。

论尚武

(1903 年 3 月)

世人之恒言曰：野蛮人尚力，文明人尚智。呜呼！此知二五而不知一十之言，迂偏而不切于事势者也。罗马文化，灿烁大地，车辙马迹，蹂躏全欧，乃一遇日耳曼森林中之蛮族，遂蹈蹶而不能自立，而帝国于以解纲。夫当日罗马之智识程度，岂不高出于蛮族万万哉？然柔弱之文明，卒不能抵野蛮之武力。然则尚武者国民之元气，国家所恃以成立，而文明所赖以维持者也。俾士麦之言曰：天下所可恃者非公法，黑铁而已，赤血而已。宁独公法之无足恃，立国者苟无尚武之国民，铁血之主义，则虽有文明，虽有智识，虽有众民，虽有广土，必无以自立于竞争剧烈之舞台。

而独不见斯巴达乎？斯巴达之教育，一干涉严酷之军人教育也。婴儿之生，必由官验其体格，不及格者，扑灭之。生及七岁，即使入幼年军队，教以体育，跣足裸体，恶衣菲食，以养成其任受劳苦凌犯、寒暑忍耐饥渴之习惯，饮食教诲，皆国家专司其事。成年结婚而后，亦不许私处家中，日则会食于公堂，夜则共寝于营幕。乃至妇人女子，亦与男子同受严峻之训练。虽老妇少女，亦皆有剽悍勇侠之风。其母之送子从军也，命之曰："祝汝负楯而归，否则以楯负汝而归。"举国之男女老少，莫不轻死好胜，习以成性。故其从征赴敌，如习体操，如赴宴会，冒死喋血，曾不知有畏怯退缩之一事。彼斯巴达一弹丸之国耳，举国民族，寥寥不及万人，顾乃能内制数十万之异族，外挫十余万之波军，雄霸希腊，与雅典狎主齐盟也，曰惟尚武故。而独不见德意志乎？十九世纪之中叶，日耳曼民族，分国散立，萎靡不振，受拿破仑之蹂躏。既不胜其屈辱，乃改革兵制，首创举国皆兵之法。国民岁及二十，悉隶兵籍，是以举国之人，无不受军人之教育，具军人之资格。俾士麦复以铁血之政略，达民族之主义，日讨国人而训之，划涤其涣漫茶靡之旧习，养成其英锐不屈之精神。今皇续起，以雄武之英姿，力扩其民族帝国之主义。其视学之敕语曰：务当训练一国之少年，使其资格可以辅朕雄飞于世界。故其国民，勇健奋发，而德意志遂为世界唯一之武国。彼德新造之邦，至今乃仅三十年，顾乃能摧奥仆法，伟然雄视于欧洲也，曰惟尚武故。而独不见俄罗斯乎？俄国国于绝北苦寒之地，拥旷漠硗确之平原，以农为国，习于劳苦，故其民犷悍坚毅，富于野蛮之力，触冒风暑，忍耐艰苦，坚朴雄鸷，习为风气，而又全体一致服从命令，其性质最宜于军队。且其先皇彼得遗训，以侵略为宗旨，其主义深入于国民心脑，人人皆有蹴踏全球蹂躏欧亚之雄心。彼其顽犷之蛮力，鸷忍之天性，虽有万众当前，必不足遏其锋而慑其气。夫俄罗斯半开之国耳，文化程度不及欧美之半，顾乃西驰东突，能寒欧人之胆，论者且谓斯拉夫民族，势力日盛，将夺条顿人之统绪，代为世界之主人翁。若是者何也？曰惟尚武故。且非独欧洲诸国为然也，我东邻之日本，其人数仅当我十分之一耳，然其人剽疾轻死，日取其所谓武士道大和魂者，发挥而光大之。故当其征兵之始，尚有哭泣逃亡，曲求避免者；今则入队之旗，祈其战死，从军之什，祝勿生还，好武雄风，举国一致。且庚子之役，其军队之勇锐，战斗之强力，且冠绝联军，使白人俯首倾倒。近且汲汲于体育之事，务使国民皆具军人之本领，皆蓄军人之精神。彼日本区区三岛，兴立仅三十年耳，顾乃能一战胜我，取威定霸，屹然雄立于东洋之上也，曰惟尚武故。乃至脱兰士哇尔，独立不成而可谓失败者矣。然方其隐谋独立之初，已阴厚蓄其武力。儿童就学，授以猎枪，使弋途过森林之飞鸟，至学则殿最其多少以为赏罚，预养挽强命中之才，使皆可以执干戈而卫社稷。是以战事一起，精锐莫当，乃至少女妇人，亦且改易装服，荷戟从戎。彼脱兰士哇尔弹丸黑子，不能当英之一县，胜兵者数万人耳；顾乃能抗天下莫强之英，英人糜千百万之巨费，调三十万之精兵，血战数年，仅乃克服。若是者何也？亦曰惟尚武故。此数国者，其文化之浅深不一辙，其民族之多寡不一途，其国土之广狭不一致，要其能驰骋中原，屹立地球者，无不恃此尚武之精神。抟抟大地，莽莽万国，盛衰之数，胥视此矣。

恫夫中国民族之不武也！神明华胄，开化最先，然二千年来，出而与他族相遇，无不挫折败北，受其窘屈，此实中国历史之一大污点，而我国民百世弥天之大辱也。自周以来，即被戎祸，一见迫于猃狁，再见辱于犬戎。秦汉而还，匈奴凶悍。以始皇之雄鸷，仅乃拒之于长城之外；以汉高之豪武，卒至围窘于白登之间。汉武雄才大略，大张兵力于国外，卫、霍之伦，络绎出塞，然收定南粤，威震西域，卒不能犁庭扫穴，组系单于。匈奴之患，遂与汉代相终始。降及魏晋，五胡煽乱，犬羊奔突于上国，豕蛇横噬于中原，江山无界，宇宙腥膻。匈奴、鲜卑、羌、氐、胡、羯，迭兴递盛，纵横于黄河以北者二百五十有余年。李唐定乱，兵气方新，李靖败突厥于阴山，遂俘颉利，此实为汉族破败外族之创举。然屡征高丽，师卒无功，且突厥、契丹、吐蕃、回纥，迭为西北之边患，以终唐世。五季之间，石晋割燕云十六州以赂契丹，衣冠之沦于异类者数十年，且至称臣称男，称侄称孙，汉族之死命，遂为异族所轭制。宋之兴也，始受辽患；徽钦之世，女真跳梁，当是时也，谋臣如云，猛将如雨，然极韩、岳、张、吴诸武臣之力，卒不能制幺么小丑兀术之横行。金势既衰，蒙古继起，遂屋宋社而墟之。泱泱之神州，穰穰之贵种，俯首受轭于游牧异族威权之下，垂及百年，明兴而后，势更弱矣，一遇也先而帝见虏，再遇满洲而国遂亡。呜呼！由秦迄今，二千余岁耳，然黄帝之子孙，屈伏于他族者三百余年；北方之同胞，屈伏于他族者且七百余年。至于边塞之患，烽燧之警，乃更无一宁岁，而卒不能赫怒震击以摧其凶焰，发愤挞伐以戢其淫威。呜呼！我神明之华胄，聪秀之人种，开明之文化，何一为蛮族所敢望？顾乃践蹴于铁骑之下，不能一仰首伸眉以与之抗者，岂不以武力脆弱，民气懦怯，一动而辄为力屈也。藐兹小丑，且不能抗，况今日迫我之白人，挟文明之利器，受完备之训练，以帝国之主义，为民族之运动，其雄武坚劲，绝非匈奴、突厥、女真、蒙古之比，曷怪其一败再败而卒无以自立也。中国以文弱闻于天下，柔懦之病，深入膏肓。乃至强悍性成驰突无前之蛮族，及其同化于我，亦且传染此病，筋弛力脆，尽失其强悍之本性。呜呼！强者非一日而强也，弱者非一日而弱也，履霜坚冰，由来渐矣。吾尝察其受病之源，约有四事：

一由于国势之一统。人者多欲而好胜之动物也。衣服饮食，货物土地，皆生人所借以自养，而为人人所欲望之事。

人人同此欲望，即人人皆思多取。故人与人相处，必求伸张其权利，侵他人之界而无所餍；国与国角立，亦必求伸张其权利，侵他人之界而无所餍。然彼之欲望权利之心，固无以异于此也，则必竭力抗争，奋腕力以自卫；稍一恇怯，稍一退让，即失败而无以自存。是故列国并立，首重国防，人骛于勇力，士竞于武功。苟求保此权利，虽流漂杵之血，枯万人之骨而不之悔。而其时人士，亦复习于武风，眦睚失欢，挺身而斗，杯酒失意，白刃相仇，借躯报仇，恬不为怪，尚气任侠，靡国不然。远观之战国，近验之欧洲，往事亦可观矣。若夫一统之世，则养欲给求而无所与竞，闭关高枕而无所与争。向者之勇力武功，无所复用，其心渐弛，其气渐柔，其骨渐脆，其力渐弱。战国尊武，一统右文，固事势所必至，有不自知其然者矣。我中国自秦以来，久大一统，虽间有南北分割，不过二三百年，则旋归于统合。土地辽广，物产丰饶，虽有异种他族环于其外，然谓得其地不足郡县，得其人不足臣民，遂鄙为蛮夷而不屑与争，但使其羁縻勿绝、拒杜勿来而已，必不肯萃全力而与之竞胜。太平歌舞，四海晏然，则习为礼乐揖让，而相尚以文雅，好为文词诗赋训诂考据，以奇耗其材力。即有材武桀勇者，亦闲置而无所用武，且以粗鲁莽悍，见屏于上流社会之外。重文轻武之习既成，于是武事废堕，民气柔靡。二千年之腐气败习，深入于国民之脑，遂使群国之人，奄奄如病夫，冉冉如弱女，温温如菩萨，戢戢如驯羊。呜呼！人孰不恶争乱而乐和平，而乌知和平之弱我毒我乃如是之酷也!

二由于儒教之流失。宗教家之言论，类皆偏于世界主义者也。彼本至仁之热心，发高尚之哲理，故所持论，皆谋人类全体之幸福。故西方之教，曰太平天国，曰视敌如己；天竺之教，曰冤亲平等，曰一切众生，无不破蛮触之争战，以黄金世界为归墟。儒教者固切近于人事者也，然孔子之作《春秋》，则务使诸夏夷狄，远近若一，以文致太平；《礼运》之述圣言，则力言不独亲亲，不独子子，以靳至大同，亦莫不破除国界，以至仁博爱为宗旨。斯固皆悬至善以为的，可为理论而未能见之实行者也。然奉耶教之民，皆有坚悍好战之风；奉佛教之民，亦有轻视生死之性；独儒教之国，奄然怯弱者何也?《中庸》之言曰：“宽柔以教，不报无道。”《孝经》之言曰：“身体发肤，不敢毁伤。”故儒教当战国之时，已有儒懦儒缓之诮。然孔子固非专以懦缓为教者也，见义不为，谓之无勇；战阵无勇，斥为非孝：曷尝不以刚强剽劲耸发民气哉！后世贱儒，便于藏身，摭拾其悲悯涂炭、矫枉过正之言，以为口实，不法其刚而法其柔，不法其阳而法其阴，阴取老氏雌柔无动之旨，夺孔学之正统而篡之，以莠乱苗，习非成是。以强勇为喜事，以冒险为轻躁，以任侠为大戒，以柔弱为善人，惟以“忍”为无上法门。虽他人之凌逼欺胁，异族之蹴践斩刈，攫其权利，侮其国家，乃至掠其财产，辱其妻女，亦能俯首顺受，忍奴隶所不能忍之耻辱，忍牛马所不能忍之痛苦，曾不敢怒目攘臂而一与之争。呜呼！犯而不校，诚昔贤盛德之事，然以此道处生存竞争、弱肉强食之世，以此道对鸷悍剽疾、虎视鹰击之人，是犹强盗入室，加刃其颈，而犹与之高谈道德，岂惟不适于生存，不亦更增其耻辱邪？法昔贤盛德之事，乃养成此柔脆无骨、颓惫无气、刀刺不伤、火爇不痛之民族，是岂昔贤所及料也！

三由霸者之摧荡。霸者之有天下也，定鼎之初，即莫不以偃武修文为第一要义。夫振兴文学，宁非有国之急务？乃必先取其所谓武者而偃之，彼岂果谓马上得之者，必不能马上治之哉？又岂必欲销兵甲，兴礼乐，文致太平以为美观也哉？霸者之取天下，类皆崛起草泽，间关汗马，奋强悍之腕力，屈服群雄而攫夺之。彼知天下之可以力征经营，我可以武力夺之他人者，他人亦将可以武力夺之我也，则日讲縢缄扃鐍之策，务使有力者不能负之而趋。故辇毂之下，有骁雄之士，强武有力之人，以睥睨其卧榻之侧，则霸者有所不利；草泽之下，有游侠任气之风，萃材桀不驯之徒，相与上指天，下画地，嚣然以材武相竞，则霸者尤有不利。既所不利，则不能不去之以自安。去之之术有二：其先曰“锄”。一人刚而万夫皆柔，一人强而天下皆弱，此霸有天下者之恒情也。其敢不柔弱者杀无赦。虽昔日所视为功狗，倚为长城者，不惜翦薙芟荑，以绝子孙之患。其敢有喑呜叱咤、慷慨悲歌于田间陇畔者，则尤触犯忌讳，必当严刑重诛，无俾易种。秦皇之销铸锋鍉，汉景之狝艾游侠，汉高、明太之菹醢功臣，殆皆用锄之一术矣。然前者僵仆，后者愤踊，锄之力亦将有所穷也，乃变计而用“柔”之一术。柔之以律令制策，柔之以诗赋词章，柔之以帖括楷法，柔之以簿书期会。柔其材力，柔其筋骨，柔其言论，乃至柔其思想，柔其精神。尽天下之人士，虽间有桀骜枭雄者，皆使之敝精疲神、缠绵歌泣于讽诵揣摩、患得患失之中，无复精神材力以相竞于材武，不必僇以斧钺，威以刀锯，而天下英雄尽入彀中，无复向者暗呜叱咤、慷慨悲歌之豪气。一霸者起，用此术以摧荡之；他霸者起，亦用此术以摧荡之。经二十四朝之摧陷廓清，士气索矣，人心死矣，霸者之术售矣。呜呼！又岂料承吾敝者别有此狞猛枭鸷之异族也！

四由习俗之濡染。天下移人之力，未有大于习惯者也。西秦首功，而女子亦知敌忾；斯巴达重武，而妇人亦能轻死。夫秦与斯巴达之人，岂必生而人人有此美性哉？风气之所薰，见闻之所染，日积月累，久之遂形为第二之天性。我中国轻武之习，自古然矣。鄙谚有之曰：“好铁不打钉，好人不当兵。”故其所谓军人者，直不啻恶少无赖之代名词；其号称武士者，直视为不足齿之伧父。夫东西诸国之待军人也，尊之重之，敬之礼之，馨香尸祝之；一入军籍，则父母以为荣，邻里以为幸，宗族交游以为光宠，皆视此为人生第一名誉之事。唯东西人之重视之也如此，故举国人之精神，莫不萃于此点，一切文学、诗歌、剧戏、小说、音乐，无不激扬蹈厉，务激发国民之勇气，以养为国魂。惟我中国之轻视之也如彼，故举国皆不屑措意，学人之议论，词客所讴吟，且皆以好武喜功为讽刺，拓边开衅为大戒，其所谓名篇佳什，类皆描荷干从军之苦况，咏战争流血之惨态，读之令人垂首丧志，气夺神沮。至其小说、戏剧，则惟描写才子佳人旖旎冶猥之柔情；其管弦音乐，则惟谱演柔荡靡曼亡国哀思之郑声。一群之中，凡所接触于耳目者，无一不颓损人之雄心，销磨人之豪气。恶风潮之所漂荡，无人不中此恶毒，如疫症之传染，如肺病之遗种。虽有雄姿英发之青年，日摩而月刓之，不数年间，遂颓然如老翁，靡然如弱女。呜呼！群俗者冶铸国民之炉火，安见颓废腐败之群俗，而能铸成雄鸷沉毅之国民也？

凡此数者之恶因，皆种之千年以前，至今日结此一大恶果者也。且夫人之所以为生，国之所以能立，莫不视其自主之权。然其自主权之所以保全，则莫不恃自卫权为之后盾。人以恶声加我，我能以恶声返之；人以强力凌我，我能以强力抗之，此所以能排御外侮，屹然自立于群虎眈眈、万鬼睒睒之场也。然返人恶声，抗人强力，必非援据公法、樽俎折冲之所能为功，必内有坚强之武力，然后能行用自卫之实权。我以病夫闻于世界，手足瘫痪，已尽失防护之机能，东西诸国，莫不磨刀霍霍，内向而鱼肉我矣。我不速拔文弱之恶根，一雪不武之积耻，二十世纪竞争之场，宁复有支那人种立足之地哉！然吾闻吾国之讲求武事，数十年矣。购舰练兵，置厂制械，整军经武，至勤且久；然卒一鐕而尽者何也，曰：彼所谓武，形式也；吾所谓武，精神也。无精神而徒有形式，是蒙羊质以虎皮，驱而与猛兽相搏击，适足供其攫啖而已。

诚欲养尚武之精神，则不可不备具三力：

一曰心力。西儒有言曰："女子弱也，而为母则强。"夫弱女何以忽为强母，盖其精神爱恋，咸萃于子之一身。子而有急，则挺身赴之，虽极人生艰险畏怖之境，壮夫健男之所却顾者，彼独挥手直前，尽变其娇怯袅娜、弱不胜衣之故态。彼其目中心中，止见有子而已，不见有身，更安见所谓艰险，更安见所谓畏怖！盖心力散涣，勇者亦怯；心力专凝，弱者亦强。是故报大仇，雪大耻，革大难，定大计，任大事，智士所不能谋，鬼神所不能通者，莫不成于至人之心力。张子房以文弱书生而椎秦，申包胥以漂泊逋臣而存楚，心力之驱迫而成之也；越之沼吴，楚之亡秦，希腊破波斯王之大军，荷兰却西班牙之舰队，亦莫非心力之驱迫而成之也。呜呼！境不迫者心不奋，情不急者力不挚。曾文正之论兵也，曰："官军击贼，条条皆是生路，惟向前一条是死路；贼御官军，条条皆是死路，惟向前一条是生路。官军之不能敌贼者以此。"今外人逼我，其圈日狭，其势日促，直不啻以百万铁骑，蹙我孤军于重围之中矣，舍突围向前之一策，更无所谓生路。虎逐于后，则懦夫可蓦绝涧；火发于室，则弱女可越重檐。吾望我同胞激其热诚，鼓其勇气，无奄奄敛手以待毙也！

一曰胆力。天下无往非难境，惟有胆力者无难境；天下无往非畏途，惟有胆力者无畏途。天岂必除此难境畏途以独私之哉？人间世一切之境界，无非人心所自造。我自以为难以为畏，则其心先馁，其气先慑，斯外境得乘其虚怯而窘之。若悍然不顾，其气足以相胜，则置之死地而能生，置之亡地而能存。项羽沉舟破釜以击秦，韩侯背水结阵以败楚，彼其众寡悬殊，岂无兵力不敌之危境哉？然奋其胆力，卒以成功。讷尔逊曰："吾不识畏为何物。"彼其平生阅历，岂无危疑震撼之险象哉？然奋其胆力，卒以成功。自古英雄豪杰，立不世之奇功，成建国之伟业，何一非冒大险，夷大难，由此胆力而来者哉？然胆力者，由自信力而发生者也。孟子曰："自反而不缩，虽褐宽博，吾不惴焉；自反而缩，虽千万人，吾往矣。"国之兴亡亦然。不信之人，而信之己，国民自信其兴则国兴，国民自信其亡则国亡。昔英将威士勒之言曰："中国人有可以蹂躏全球之资格。"我负此资格而不能自信，不能奋其勇力，完此资格，以兴列强相见于竞争之战场，惟是日惧外人之分割，日畏外人之干涉，不思自奋，徒为恇怯，彼狞猛枭鸷之异族，宁以我之恇怯而辍其分割干涉邪？呜呼！怯者召侮之媒，畏战者必受战祸，惧死者卒蹈死机，恇怯岂有幸也！孟子曰："未闻以千里畏人。"吾望我同胞奋其雄心，鼓其勇气，无畏首畏尾以自馁也！

一曰体力。体魄者，与精神有切密之关系者也。有健康强固之体魄，然后有坚忍不屈之精神。是以古之伟人，其能负荷艰钜，开拓世界者，类皆负绝人之异质，耐非常之艰苦。陶侃之习劳，运甓不间朝夕；史可法之督师，七日目不交睫；拿破仑之治军，日睡仅四小时；格兰斯顿之垂老，步行能逾百里；俾士麦之体格，重至二百八十余磅，其筋骸坚固，故能凌风雨，冒寒暑，撄患难劳苦，而贯彻初终。彼鞑靼之种人，斯拉夫之民族，亦皆恃此野蛮体力，而遂能钳制他族者也。德皇威廉第二之视学于柏林小学校，其敕训曰："凡我德国臣民，皆当留意体育。苟体育不讲，则男子不能负兵役，女子不能孕产魁梧雄伟之婴儿。人种不强，国将何赖?"故欧洲诸国，靡不汲汲从事于体育。体操而外，凡击剑、驰马、踘蹴、角抵、习射击枪、游泳竞渡诸戏，无不加意奖励，务使举国之人，皆具军国民之资格。昔仅一新巴达者，今且举欧洲而为斯巴达矣。中人不讲卫生，婚期太早，以是传种，种已孱弱；及其就傅之后，终日伏案，闭置一室，绝无运动，耗目力而昏眊，未黄耇而骀背；且复习为娇惰，绝无自营自活之风，衣食举动，一切需人；以文弱为美称，以羸怯为娇贵，翩翩年少，弱不禁风，名曰丈夫，弱于少女；弱冠而后，则又缠绵床第以耗其精力，吸食鸦片以戕其身体，鬼躁鬼幽，跬步欹跌，血不华色，面有死容，病体奄奄，气息才属，合四万万人，而不能得一完备之体格，呜呼！其人皆为病夫，其国安得不为病国也！以此而出与狞猛枭鸷之异族遇，是犹驱侏儒以斗巨无霸，彼虽不持一械，一挥手而我已倾跌矣。呜呼！生存竞争，优胜劣败，吾望我同胞练其筋骨，习于勇力，无奄然颓惫以坐废也！

呜呼！今日之世界，固所谓"武装和平"之世界也。列强会议，日言弭兵，然左订媾和修好之条约，右修扩张军备之议案。盖强权之世，惟能战者乃能和。故美国独立他洲，素不与闻外事者也，然近年以来，日增军备，且尽易其门罗主义，一变而为帝国主义。盖欧洲霸气横决四溢，苟渡大西洋而西注，则美国难保其和平，故不能不先事预防，厚内力以御之境外。夫欧洲诸国，势均力敌，欧洲以内，既无用武之地矣。然内力膨胀，郁勃磅礴而必求一泄，挟其民族帝国主义，日求灌而泄之他洲。我以膏腴沃壤，适当其冲，于是万马齐足，万流汇力，一泄其尾闾于亚东大陆。今日群盗入室，白刃环门，我不一易其文弱之旧习，奋其勇力，以固其国防，则立羸羊于群虎之间，更何术以免其吞噬也！呜呼！甲午以来，一败再败，形见势绌，外人咸以无战斗力轻我矣。然语不云乎：一人救死，万夫莫当。彼十九世纪之初期，法兰西何尝不以一国而受全欧之敌，然拿破仑率其剽悍之国民，东征西击，卒能取威定霸，奋扬国威。彼四十余万之法人，乃能蹴踏全欧；我以十倍法人之民族，顾不能攘外而立国，何衰惫若斯之甚也？《诗》曰："天之方蹶，无为夸毗。"柔脆无骨之人，岂能一日立于天演之界？我国民纵阙于文明之智识，奈何并野蛮之武力而亦同此消乏也？呜呼！噫嘻！

鄙人对于言论界之过去及将来

（1912年10月22日）

鄙人今日得列席于此报界欢迎会，而群贤济济，至百数十人之盛，其特别之感想，殆难罄言。去秋武汉起义，不数月而国体丕变，成功之速，殆为中外古今所未有。南方尚稍烦战事，若北方则更不劳一兵、不折一矢矣。问其何以能如是？则报馆鼓吹之功最高，此天下公言也。世人或以吾国之大，革数千年之帝政，而流血至少，所出代价至薄，诧以为奇。岂知当军兴前军兴中，哲人畸士之心血沁于报纸中者，云胡可量？然则谓我中华民国之成立乃以黑血革命代红血革命焉可也。鄙人越在海外，曾未能一分诸君子之劳，言之滋愧。虽然，鄙人二十年来固以报馆为生涯，且自今以往，尤愿终身不离报馆之生涯者也。今幸得与同业诸英握手一堂，窃愿举鄙人过去对于报馆事业之关系及今后所怀抱，为诸君一言之。

鄙人之投身报界，托始于上海《时务报》，同人多知之。然前此尚有一段小历史，恐今日能言之者少矣。当甲午丧师以后，国人敌忾心颇盛，而全瞢于世界大势。乙未夏秋间，诸先辈乃发起一政社名强学会者，今大总统袁公，即当时发起之一人也。彼时同人固不知各国有所谓政党，但知欲改良国政，不可无此种团体耳。而最初着手之事业，则欲办图书馆与报馆，袁公首捐金五百，加以各处募集，得千余金，遂在后孙公园设立会所，向上海购得译书数十种，而以办报事委诸鄙人。当时固无自购机器之力，且都中亦从不闻有此物，乃向售《京报》处托用粗木版雕印，日出一张，名曰《中外公报》，只有论说一篇，别无记事。鄙人则日日执笔为一数百字之短文，其言之肤浅无用，由今思之，只有汗颜。当时安敢望有人购阅者，乃托售《京报》人随宫门钞分送诸官宅，酬以薪金，乃肯代送。办理月余，居然每日发出三千张内外。然谣诼蜂起，送至各家门者，辄怒以目，驯至送报人惧祸，及悬重赏，亦不肯代送矣。其年十一月，强学会遂被封禁，鄙人服器书籍皆没收。流浪于萧寺中者数月，益感慨时局。自审舍言论外，末由致力，办报之心益切。明年二月南下，得数同志之助，乃设《时务报》于上海，其经费则张文襄与有力焉。而数月后，文襄以报中多言民权，干涉甚烈。

其时鄙人之与文襄，殆如雇佣者与资本家之关系，年少气盛，冲突愈积愈甚。丁酉之冬，遂就湖南时务学堂之聘，脱离报馆关系者数月。《时务报》虽存在，已非复前此之精神矣。当时亦不知学堂当作何办法也。惟日令诸生作札记，而自批答之，所批日恒万数千言，亦与作报馆论文无异。当时学生四十人，日日读吾所出体裁怪特之报章，精神几与之俱化。此四十人者，十余年来强半死于国事，今存五六人而已。此四十分报章，在学堂中固习焉不怪，未几放年假，诸生携归乡里，此报章遂流布人间，于是全湘哗然，咸目鄙人为得外教眩人之术，以一丸药翻人心而转之，诸生亦皆以二毛子之嫌疑，见摈于社会。其后戊戌政变，其最有力之弹章，则摭当时所批札记之言以为罪状。盖当时吾之所以与诸生语者，非徒心醉民权，抑且于种族之感言之未尝有讳也。此种言论，在近数年来诚数见不鲜，然当时之人闻之，安得不掩耳？其以此相罪，亦无足怪也。戊戌八月出亡，十月复在横滨开一《清议报》，明目张胆，以攻击政府，彼时最烈矣。而政府相疾亦至，严禁入口，驯至内地断绝发行机关，不得已停办。辛丑之冬，别办《新民丛报》，稍从灌输常识入手，而受社会之欢迎，乃出意外。当时承团匪之后，政府创痍既复，故态旋萌，耳目所接，皆增愤慨，故报中论调，日趋激烈。壬寅秋间，同时复办一《新小说》报，专欲鼓吹革命，鄙人感情之昂，以彼时为最矣。犹记曾作一小说，名曰《新中国未来记》，连登于该报者十余回。其理想的国号，曰“大中华民主国”；其理想的开国纪元，即在今年；其理想的第一代大总统，名曰罗在田；第二代大总统，名曰黄克强。当时固非别有所见，不过办报在壬寅年，逆计十年后大业始就，故托言“大中华民主国”祝开国五十年纪念，当西历一千九百六十二年。由今思之，其理想之开国纪元，乃恰在今年也。罗在田者，藏清德宗之名，言其逊位也；黄克强者，取黄帝子孙能自强立之意。此文在座诸君想尚多见之，今事实竟多相应，乃至与革命伟人姓字暗合，若符谶然，岂不异哉！其后见留学界及内地学校，因革命思想传播之故，频闹风潮，窃计学生求学，将以为国家建设之用，雅不欲破坏之学说，深入青年之脑中；又见乎无限制之自由平等说，流弊无穷，惴惴然惧；又默察人民程度，增进非易，恐秩序一破之后，青黄不接，暴民踵兴，虽提倡革命诸贤，亦苦于收拾；加以比年国家财政、国民生计，艰窘皆达极点，恐事机一发，为人劫持，或至亡国；而现在西藏、蒙古离畔分携之噩耗，又当时所日夜念及而引以为戚。自此种思想来往于胸中，于是极端之破坏，不敢主张矣。故自癸卯、甲辰以后之《新民丛报》，专言政治革命，不复言种族革命。质言之，则对于国体主维持现状，对于政体则悬一理想以求必达也。及丁未夏秋间，与同人发起政闻社，其机关杂志，名曰《政论》，鄙人实为主任。政闻社为清政府所封禁，《政论》亦废。最近乃复营《国风报》，专从各种政治问题，为具体之研究讨论，思灌输国民以政治常识。初志亦求温和，不事激烈，而晚清政令日非，若惟恐国之不亡而速之，刿心怵目，不复能忍受，自前十年以后至去年一年之《国风报》，殆无日不与政府宣战，视《清议报》时代，殆有过之矣。犹记当举国请愿国会运动最烈之时，而政府犹日思延宕，以宣统八年、宣统五年等相搪塞，鄙人感愤既极，则在报中大声疾呼，谓政治现象若仍此不变，则将来世界字典上决无复以“宣统五年”四字连属成一名词者，此语在《国风报》中凡屡，见今亦成预言之谶矣。

计鄙人十八年来经办之报凡七。自审学识谫陋，文辞朴僿，何足以副立言之天职，惟常举吾当时心中所信者，诚实恳挚以就正于国民已耳。今国中报馆之发达，一日千里，即以京师论，已逾百家，回想十八年前《中外公报》沿门丐阅时代，殆如隔世；崇论闳议，家喻户晓，岂复鄙人所能望其肩背。虽然，鄙人此次归来，仍思重理旧业。人情于其所习熟之职业，固有所不能舍耶！若夫立言之宗旨，则仍在浚牖民智，薰陶民德，发扬民力，务使养成共和法治国国民之资格，此则十八年来之初志，且将终身以之者也。

而世论或以鄙人曾主张君主立宪，在今共和政体之下，不应有发言权；即欲有言，亦当先自引咎，以求恕于畴昔之革命党；甚或捏造谰言，谓其不慊于共和希图破坏者。即侪辈中亦有疑于平昔所主张，与今日时势不相应，舍己从人，近于贬节，因嗫嚅而不敢尽言者。吾以为此皆讆词也。无论前此吾党所尽力于共和主义者何如，即以近年所主张，对于国体主维持现状，对于政体则悬一理想以求必达，此志固可皎然与天下共见。夫国体与政体本不相蒙，稍有政治常识者频能知之矣。当去年九月以前，君主之存在，尚俨然为一种事实，而政治之败坏已达极点，于是忧国之士，对于政界前途发展之方法，分为二派：其一派则希望政治现象日趋腐败，俾君主府民怨而自速灭亡者，即谚所谓"苦肉计"也，故于其失政，不屑复为救正，惟从事于秘密运动而已；其一派则不忍生民之涂炭，思随事补救，以立宪一名词，套在满政府头上，使不得不设种种之法定民选机关，为民权之武器，得凭借以与一战。此二派所用手段虽有不同，然何尝不相辅相成！去年起义至今，无事不资两派人士之协力，此其明证也。然则前此曾言君主立宪者果何负于国民？在今日亦何嫌何疑而不敢为国宣力？至于强诬前此立宪派之人为不慊于共和，则更是无理取闹。立宪派人不争国体而争政体，其对于国体主维持现状，吾既屡言之，故于国体则承认现在之事实，于政体则求贯彻将来之理想。

夫于前此障碍极多之君主国体，犹以其为现存之事实而承认之，屈己以活动于此事实之下，岂有对于神圣高尚之共和国体而反挟异议者？夫破坏国体，惟革命党始出此手段耳，若立宪党则从未闻有以摇动国体为主义者也。故在今日，拥护共和国体，实行立宪政体，此自论理上必然之结果，而何有节操问题之可言耶?

若夫吾侪前此所忧革命后种种险象，其不幸而言中者十而八九，事实章章，在人耳目，又宁能为讳?论者得毋谓中国今日已治已安，而爱国志士之责任从是毕耶?平心论之，现在之国势政局，为十余年来激烈、温和两派人士之心力所协同构成，以云有功，则两俱有功，以云有罪，则两俱有罪。要之，此诸人士者，欲将国家脱离厄区，跻诸乐土，而今方泛中流，未达彼岸。既能发之，当思所以能收之，自今以往，其责任之艰巨，视前十倍，又岂容一人狡卸者?今激烈派中人，其一部分则谓吾既已为国家立大功、成大业矣，畴昔为我尽义务之时期，今日为我享权利之时期；前此所受窘逐戮辱于清政府者，今则欲取什伯倍之安富尊荣于民国以为偿。此种人自待太薄，既不复有责备之价值。其束身自好者，则谓吾前此亦既已尽一部分之责任，进国家于今日之地位矣，自今以往，吾其可以息肩，则翛然于事外而已。而所谓温和派者，忘却自己本来争政体不争国体，因国体变更，而自以为主张失败，甚乃生出节操问题；又忘却现在政治，绝未改良，自己畴昔所抱志愿，绝未贯彻，而自己觉得无话可说，则如斗败之鸡，垂头丧气，如新嫁之娘，扭扭捏捏。两方面之人，既皆如此，则国家之事，更有谁管?在已治已安之时，人人不管国事，尚且不可，况今日在危急存亡之交者哉！

若谓前此曾言立宪之人，当共和国体成立后，即不许其容喙于政治，吾恐古往今来普天率土之共和国，无此法律。吾侪惟知中国为中国人之中国，尽人有分，而绝非一部分人所得私。前清政府，以国家为其私产，以政治为其私权，其所以迫害吾侪不使容喙于政治者，无所不用其极，吾侪未尝敢缘此自馁而放弃责任也，况在今日共和国体之下，何至有此不祥之言！此鄙人所为欲赓续前业，常举其所信以言论与天下相见也。忝列嘉会，深铭隆贶，聊述前此之经历与今后之志事以尘清听。情与词芜，伏希洞亮。

辛亥革命之意义与十年双十节之乐观

双十节天津学界全体庆祝会讲演
(1921 年 10 月 10 日)

今日天津全学界公祝国庆，鄙人得参列盛会，荣幸之至。我对于今日的国庆，有两种感想：第一，是辛亥革命之意义；第二，是十年双十节之乐观。请分段说明，求诸君指教。

“革命”两个字，真算得中国历史上的家常茶饭，自唐虞三代以到今日，做过皇帝的大大小小不下三四十家，就算是经了三四十回的革命。好像戏台上一个红脸人鬼混一会，被一个黄脸人打下去了；黑脸人鬼混一会，又被一个花脸人打下去了。拿历史的眼光看过去，真不知所为何来。一千多年前的刘邦、曹操、刘渊、石勒是这副嘴脸，一千多年后的赵匡胤、朱元璋、忽必烈、福临也是这副嘴脸。他所走的路线，完全是“兜圈子”，所以可以说是绝无意义。我想中国历史上有意义的革命，只有三回：第一回是周朝的革命，打破黄帝、尧、舜以来部落政治的局面；第二回是汉朝的革命，打破三代以来贵族政治的局面；第三回就是我们今天所纪念的辛亥革命了。

辛亥革命有甚么意义呢？简单说：

一面是现代中国人自觉的结果。

一面是将来中国人自发的凭借。

自觉，觉些甚么呢？

第一，觉得凡不是中国人，都没有权来管中国的事。

第二，觉得凡是中国人，都有权来管中国的事。

第一件叫做民族精神的自觉，第二件叫做民主精神的自觉。这两种精神，原是中国人所固有，到最近二三十年间，受了国外环境和学说的影响，于是多年的“潜在本能”忽然爆发，便把这回绝大的自觉产生出来。如今请先说头一件的民族精神。原来一个国家被外来民族征服，也是从前历史上常有之事，因为凡文化较高的民族，一定是安土重迁，流于靡弱，碰着外来游牧慓悍的民族，很容易被他蹂躏。所以二三千年来世界各文明国，没有那一国不经过这种苦头。但结果这民族站得住或站不住，就要看民族自觉心的强弱何如。所谓自觉心，最要紧的是觉得自己是“整个的国民”，永远不可分裂、不可磨灭。例如犹太人，是整个却不是国民；罗马人是国民却不是整个；印度人既不是国民更不是整个了。所以这些国从前虽然文化灿烂，一被外族征服，便很难爬得转来。讲到我们中国，这种苦头，真算吃得够受了。自五胡乱华以后，跟着甚么北魏咧，北齐咧，北周咧，辽咧，金咧，把我们文化发祥的中原，闹得稀烂。后来蒙古、满洲，更了不得，整个的中国，完全被他活吞了。虽然如此，我们到底把他们撵了出去。四五千年前祖宗留下来这分家产，毕竟还在咱们手里。诸君别要把这件事情看得很容易啊！请放眼一看，世界上和我们平辈的国家，如今都往哪里去了？现在赫赫有名的国家，都是比我们晚了好几辈。我们好像长生不老的寿星公，活了几千年，经过千灾百难，如今还是和小孩子一样，万事都带几分幼稚态度。这是什么原故呢？因为我们自古以来，就有一种觉悟，觉得我们这一族人像同胞兄弟一般，拿快利的刀也分不开；又觉得我们这一族人，在人类全体中关系极大，把我们的文化维持扩大一分，就是人类幸福扩大一分。这种观念，任凭别人说我们是保守也罢，说我们是骄慢也罢，总之我们断断乎不肯自己看轻了自己，确信我们是世界人类的优秀分子，不能屈服在别的民族底下。这便是我们几千年来能够自立的根本精神。民国成立前二百多年，不是满洲人做了皇帝吗？到了后来，面子上虽说是中国人被满洲人征服，骨子里已经是满洲人被中国人征服，因为满洲渐渐同化到中国，他们早已经失了一个民族的资格了。虽然如此，我们对于异族统治的名义，也断断不能忍受。这并不是争甚么面子问题，因为在这种名义底下，国民自立的精神，总不免萎缩几分。所以晚明遗老像顾亭林、黄梨洲、王船山、张苍水这一班人，把一种极深刻的民族观念传给后辈，二百多年，未尝断绝。到甲午年和日本打一仗打败了，我们觉得这并不是中国人打败，是满洲人拖累着中国人打败。恰好碰着欧洲也是民族主义最昌的时代，他们的学说，给我们极大的激刺，所以多年来磅礴郁积的民族精神，尽情发露，排满革命，成为全国人信仰之中坚。那性质不但是政治的，简直成为宗教的了。

第二件再说那民主精神。咱们虽说是几千年的专制古国，但咱们向来不承认君主是什么神权，什么天授。欧洲中世各国，都认君主是国家的主人，国家是君主的所有物。咱们脑筋里头，却从来没有这种谬想。咱们所笃信的主义，就是孟子说的“民为贵，社稷次之，君为轻”。拿一个铺子打譬，人民是股东，皇帝是掌柜。股东固然有时懒得管事，到他高兴管起事来，把那不妥当的掌柜撵开，却是认为天经地义。还有一件咱们向来最不喜欢政府扩张权力，干涉人民，咱们是要自己料理自己的事。咱们虽然是最能容忍的国民，倘若政府侵咱们自由超过了某种限度，咱们断断不能容忍。咱们又是二千年来没有甚么阶级制度，全国四万万人都是一般的高，一样的大。一个乡下穷民，只要他有本事，几年间做了当朝宰相，并不为奇；宰相辞官回家去，还同小百姓一样，受七品知县的统治，法律上并不许有什么特权。所以政治上自由、平等两大主义，算是我们中国人二千年来的公共信条。事实上能得到甚么程度，虽然各时代各有不同，至于这种信条，在国民心目中却是神圣不可侵犯。我近来常常碰着些外国人，很疑惑我们没有民治主义的根柢，如何能够实行共和政体。我对他说，恐怕中国人民治主义的根柢，只有比欧洲人发达的早，并没比他们发达的迟；只有比他们打叠的深，并没比他们打叠的浅。我们本来是最“德谟克拉西”的国民，到近来和外国交遥，越发看真“德谟克拉西”的好处，自然是把他的本性，起一种极大的冲动作用了。回顾当时清末的政治，件件都是和我们的信条相背，安得不一齐动手端茶碗送客呢？当光绪、宣统之间，全国有智识有血性的人，可算没有一个不是革命党，但主义虽然全同，手段却有小小差异。一派注重种族革命，说是只要把满洲人撵跑了，不愁政治不清明；一派注重政治革命，说是把民治机关建设起来，不愁满洲人不跑。两派人各自进行，表面上虽像是分歧，目的总是归着到一点。一面是同盟会的人，暗杀咧，起事咧，用秘密手段做了许多壮烈行为；一面是各省咨议局中立宪派的人，请愿咧，弹劾咧，用公开手段做了许多群众运动。这样子闹了好几年，牺牲了许多人的生命财产，直到十年前的今日，机会凑巧，便不约而同的起一种大联合运动。武昌一声炮响，各省咨议局先后十日间，各自开一场会议，发一篇宣言，那二百多年霸占铺产的掌柜，便乖乖的把全盘交出，我们永远托命的中华民国，便头角峥嵘的诞生出来了。这是谁的功劳呢？可以说谁也没有功劳，可以说谁也有功劳。老实说一句，这是全国人的自觉心，到时一齐迸现的结果。现在咱们中华民国，虽然不过一个十岁小孩，但咱们却是千信万信，信得过他一定与天同寿。从今以后，任凭他那一种异族，野蛮咧，文明咧，日本咧，欧美咧，独占咧，共管咧，若再要来打那统治中国的坏主意，可断断乎做不到了。任凭甚么人，尧舜咧，桀纣咧，刘邦、李世民、朱元璋咧，王莽、朱温、袁世凯咧，若再要想做中国皇帝，可是海枯石烂不会有这回事了。这回革命，就像经过商周之间的革命，不会退回到部落酋长的世界；就像经过秦汉之间的革命，不会退回到贵族阶级的世界。所以从历史上看来，是有空前绝大的意义，和那红脸打倒黑脸的把戏，性质完全不同。诸君啊，我们年年双十节纪念，纪念个甚么呢？就是纪念这个意义。为甚么要纪念这个意义？为要我们把这两种自觉精神，越加发扬，越加普及，常常提醒，别要忘记。如其不然，把这双十节当作前清阴历十月初十的皇太后万寿一般看待，白白放一天假，躲一天懒，难道我们的光阴这样不值钱，可以任意荒废吗？诸君想想啊！

我下半段要说的是十年双十节之乐观。想诸君骤然听着这个标题，总不免有几分诧异，说是现在人民痛苦到这步田地，你还在那里乐观，不是全无心肝吗？但我从四方八面仔细研究，觉得这十年间的中华民国，除了政治一项外，没有那一样事情不是可以乐观的。就算政治罢，不错，现时是十分悲观，但这种悲观资料，也并非很难扫除，只要国民加一番努力，立刻可以转悲为乐。请诸君稍耐点烦，听我说明。

乐观的总根源，还是刚才所说那句老话："国民自觉心之发现。"因为有了自觉，自然会自动；会自动，自然会自立。一个人会自立，国民里头便多得一个优良分子；个个人会自立，国家当然自立起来了。十年来这种可乐观的现象，在实业、教育两界，表现得最为明显。我如今请从实业方面举几件具体的事例；宣统三年，全国纺纱的锭数，不满五十万锭；民国十年，已超过二百万锭了。日本纱的输入，一年一年的递减，现在已到完全封绝的地步；宣统三年，全国产煤不过一千二三百万吨；民国十年，增加到二千万吨了。还有一件应该特别注意的，从前煤矿事业，完全中国人资本，中国人自当总经理，中国人自当工程师，这三个条件具备的矿，一个也没有，所出的煤，一吨也没有；到民国十年，在这条件之下所产的煤四百万吨，几乎占全产额四分之一了。此外像制丝咧，制面粉咧，制烟咧，制糖咧，制盐咧，农垦咧，渔牧咧，各种事业，我也不必列举统计表上许多比较的数目字，免得诸君听了麻烦，简单说一句，都是和纱厂、煤矿等业一样，有相当的比例进步。诸君试想，从前这种种物品，都是由外国输入，或是由外国资本家经营，我们每年购买出了千千万万金钱去胀外国人，如今挽回过来的多少呢？养活职工又多少呢？至如金融事业，宣统三年，中国人自办的只有一个大清银行，一个交通银行，办得实在幼稚可笑；说到私立银行，全国不过两三家，资本都不过十万以内。全国金融命脉，都握在上海、香港几家外国银行手里头，捏扁搓圆，凭他尊便。到今民国十年，公私大小银行有六七十家，资本五百万以上的亦将近十家，金融中心渐渐回到中国人手里。像那种有外国政府站在后头的中法银行，宣告破产，还是靠中国银行家来救济整理，中国银行公会的意见，五国银行团不能不表相当的尊重了。诸君啊，诸君别要误会，以为我要替资本家鼓吹。现在一部分的资本家，诚不免用不正当的手段，掠得不正当的利益，我原是深恶痛恨；而且他们的事业，也难保他都不失败。但这些情节，暂且不必多管。我总觉得目前这点子好现象，确是从国民自觉心发育出来：“中国人用的东西，为什么一定仰给外国人？”这是自觉的头一步；“外国人经营的事业，难道中国人就不能经营吗？”这是自觉的第二步；“外国人何以经营得好，我们从前赶不上人家的在什么地方？”这是自觉的第三步。有了这三种自觉，自然会生出一种事实来，就是“用现代的方法，由中国人自动来兴办中国应有的生产事业。”我从前很耽心，疑惑中国人组织能力薄弱，不能举办大规模的事业。近来得了许多反证，把我的疑惧逐日减少。我觉得中国人性质，无论从那方面看去，总看不出比外国人弱的地方；所差者还是旧有的学问智识，对付不了现代复杂的社会。即如公司一项，前清所办的什有八失败，近十年内却是成功的成数比失败的多了。这也没甚么稀奇，从前办公司的不是老官场便是老买办，一厘新智识也没有，如今年富力强的青年或是对于所办事业有专门学识的，或是受过相当教育常识丰富的，渐渐插足到实业界，就算老公司里头的老辈，也不能不汲引几位新人物来做臂膀。简单说一句，实业界的新人物新方法，对于那旧的，已经到取而代之的地位了。所以有几家办得格外好的，不惟事事不让外国人，只有比他们还要崭新进步。刚才所说的是组织方面，至于技术方面，也是同样的进化。前几天有位朋友和我说一段新闻，我听了甚有感触，诸君若不厌麻烦，请听我重述一番。据说北京近来有个制酒公司，是几位外国留学生创办的，他们卑礼厚币，从绍兴请了一位制酒老师傅来。那位老师傅头一天便设了一座酒仙的牌位，要带领他们致敬尽礼的去祷拜。这班留学生，自然是几十个不愿意，无奈那老师傅说不拜酒仙，酒便制不成，他负不起这责任，那些留学生因为热心学他的技术，只好胡乱陪着拜了。后来这位老师傅很尽职的在那里日日制酒，却是每回所制总是失败；一面这几位学生在旁边研究了好些日子，知道是因为南北气候和其他种种关系所致，又发明种种补救方法，和老师傅说，老师傅总是不信。后来这些学生用显微镜把发酵情状打现出来，给老师傅瞧，还和他说明所以然之故，老师傅闻所未闻，才恍然大悟的说道："我向来只怪自己拜酒仙不诚心，或是你们有什么冲撞，如今才明白了完全不是那么一回事。"从此老师傅和这群学生教学相长，用他的经验来适用学生们的学理，制出很好的酒来了。这段新闻，听着像很琐碎无关轻重，却是"科学的战胜非科学的"真凭实据。又可见青年人做事，要免除老辈的阻力而且得他的帮助，也并非难。只要你有真实学问再把热诚贯注过去，天下从没有办不通的事啊。我对民国十年来生产事业的现象，觉得有一种趋势最为可喜，就是科学逐渐占胜。科学的组织，科学的经营，科学的技术，一步一步的在我们实业界中得了地盘。此后凡属非科学的事业，都要跟着时势，变计改良，倘其不然，就要劣败淘汰去了。这种现象，完全是自觉心发动扩大的结果，完全是民国十年来的新气象。诸君想想，这总算够得上乐观的好材料罢。

在教育方面，越发容易看得出来。前清末年办学堂，学费、膳费、书籍费，学堂一揽千包，还倒贴学生膏火，在这种条件底下招考学生，却是考两三次还不足额。如今怎么样啦？送一位小学生到学校，每年百打百块钱，大学生要二三百，然而稍为办得好点的学校，那一处不是人满。为什么呢？这是各家父兄有极深刻的自觉，觉得现代的子弟非求学问不能生存。在学生方面，从前小学生逼他上学，好像拉牛上树，如今却非到学堂不快活了；大学生十个里头，总有六七个晓得自己用功，不必靠父师督责。一上十五六岁，便觉得倚赖家庭，是不应该的，时时刻刻计算到自己将来怎样的自立。从前的普通观念，是想做官才去读书，现在的学生，他毕业后怎么的变迁，虽然说不定，若当他在校期间，说是打算将来拿学问去官场里混饭吃，我敢保一千人里头找不着一个。以上所说这几种现象，在今日看来，觉得很平常，然而在十年前却断断不会有的。为甚么呢？因为多数人经过一番自觉之后才能得来，所以断断不容假借。讲到学问本身方面，那忠实研究的精神，一天比一天增长。固然是受了许多先辈提倡的影响，至于根本的原因，还是因为全国学问界的水平线提高了，想要学十年前多数学生的样子，靠那种“三板斧”“半瓶醋”的学问来自欺欺人，只怕不会站得住。学生有了这种自觉，自然会趋到忠实研究一路了。既有了研究精神，兴味自然是愈引愈长，程度自然是愈进愈深。近两年来“学问饥饿”的声浪，弥漫于青年社会。须知凡有病的人，断不会觉得饥饿，我们青年觉得学问饥饿，便可证明他那“学问的胃口”消化力甚强；消化力既强，营养力自然也大。咱们学问界的前途，谁能够限量他呢？有人说：“近来新思潮输入，引得许多青年道德堕落，是件极可悲观的事。”这些话，老先生们提起来，什有九便皱眉头。依我的愚见，劝他们很可以不必白操这心。人类本来是动物不是神圣，“不完全”就是他的本色。现在不长进的青年固然甚多，难道受旧教育的少爷小姐们，那下流种子又会少吗？不过他们的丑恶遮掩起来，许多人看不见罢了。凡一个社会当过渡时代，鱼龙混杂的状态，在所不免，在这个当口，自然会有少数人走错了路，成了时代的牺牲品。但算起总帐来，革新的文化，在社会总是有益无害。因为这种走错路的人，对于新文化本来没有什么领会，就是不提倡新文化，他也会堕落。那些对于新文化确能领会的人，自然有法子鞭策自己、规律自己，断断不至于堕落。不但如此，那些借新文化当假面具的人，终久是在社会上站不住，任凭他出风头出三两年，毕竟要屏出社会活动圈以外。剩下这些在社会上站得住的人，总是立身行己，有些根柢，将来新社会的建设，靠的是这些人，不是那些人。所以我对于现在青年界的现象，觉得是纯然可以乐观的。别人认为悲观的材料，在我的眼内，都不成问题。

以上不过从实业、教育两方面立论，别的事在今天的短时间内恕我不能多举。总起来说一句，咱们十个年头的中华民国，的确是异常进步。前人常说：理想比事实跑得快。照这十年的经验看来，倒是事实比理想跑得快了。因为有许多事项，我们当宣统三年的时候，绝不敢说十年之内会办得到，哈哈！如今早已实现了。尤可喜的是，社会进步所走的路，一点儿没有走错。你看，近五十年来的日本，不是跑得飞快吗？可惜路走歪了，恐怕跑得越发远，越发回不过头来。我们现在所走的，却是往后新世界平平坦坦的一条大路，因为我们民族，本来自由平等的精神是很丰富的，所以一到共和的国旗底下，把多年的潜在本能发挥出来，不知不觉，便和世界新潮流恰恰相应。现在万事在草创时代，自然有许多不完全的地方，而且常常生出许多毛病，这也无庸为讳。但方向既已不错，能力又不缺乏，努力前进的志气又不是没有，像这样的国民，你说会久居人下吗？还有一件，请诸君别要忘记，我们这十年内社会的进步，乃是从极黑暗、极混乱的政治状态底下，勉强挣扎得来。人家的政治，是用来发育社会；我们的政治，是用来摧残社会。老实说一句，十年来中华民国的人民，只算是国家的孤臣孽子。他们在这种境遇之下，还挣得上今日的田地，倘使政治稍为清明几分，他的进步还可限量吗?!

讲到这里，诸君怕要说："梁某人的乐观主义支持不下去了。"我明白告诉诸君，我对于现在的政治，自然是十二分悲观；对于将来的政治，却还有二十四分的乐观哩！到底可悲还是可乐，那关键却全在国民身上，国民个个都说"悲呀，悲呀"！那真成了旧文章套调说的"不亦悲乎"！只怕跟着还有句"呜呼哀哉"呢！须知政治这样东西，不是一件矿物，也不是一个鬼神，离却人没有政治，造政治的横竖不过是人。所以人民对于政治，要他好他便好了，随他坏他便坏了。须知十年来的坏政治，大半是由人民纵坏。今日若要好政治，第一，是要人民确然信得过自己有转移政治的力量；第二，是人民肯把这分力量拿出来用。只要从这两点上有彻底的自觉，政治由坏变好，有什么难？拿一家打譬，主人懒得管事，当差的自然专横，专横久了，觉得他像不知有多大的神通，其实主人稍为发一发威，那一个不怕？现在南南北北甚么总统咧，巡帅咧，联帅咧，督军咧，总司令咧，都算是素来把持家政的悍仆，试问他们能有多大的力量，能有多久的运命？眼看着从前在台面上逞威风的，已经是一排一排的倒下去，你要知道现时站在台上的人结果如何，从前站的人就是他的榜样。我们国民多半拿军阀当作一种悲观资料，我说好像怕黑的小孩，拿自己的影子吓自己。须知现在纸糊老虎的军阀，国民用力一推，固然要倒，就是不推他也自己要倒。不过推他便倒得快些，不推他便倒得慢些。他们的末日，已经在阎罗王册上注了定期，在今日算不了什么大问题。只是一件，倘若那主人还是老拿着不管事的态度，那么这一班坏当差的去了，别一班坏当差的还推升上来，政治却永远无清明之日了。讲到这一点吗，近来许多好人打着不谈政治的招牌，却是很不应该；社会上对于谈政治的人，不问好歹，一概的厌恶冷谈，也是很不应该。国家是谁的呀？政治是谁的呀？正人君子不许谈，有学问的人不许谈，难道该让给亡清的贪官污吏来谈？难道该让给强盗头目来谈？难道该让给流氓痞棍来谈？我奉劝全国中优秀分子，要从新有一种觉悟：

“国家是我的，政治是和我的生活有关系的。谈，我是要谈定了；管，我是要管定了。”多数好人都谈政治，都管政治，那坏人自然没有站脚的地方。再申说一句，只要实业界、教育界有严重监督政治的决心，断不愁政治没有清明之日。好在据我近一两年来冷眼的观察，国民吃政治的苦头已经吃够了，这种觉悟，已经渐渐成熟了。我信得过我所私心祈祷的现象，不久便要实现。方才说的对于将来政治有二十四分乐观，就是为此。

诸君，我的话太长了，麻烦诸君好几点钟，很对不起。但盼望还容我总结几句。诸君啊，要知道希望是人类第二个生命，悲观是人类活受的死刑！一个人是如此，一个民族也是如此。古来许多有文化的民族，为甚么会灭亡得无影无踪呀？因为国民志气一旦颓丧了，那民族便永远翻不转身来。我在欧洲看见德奥两国战败国人民，德国人还是个个站起了，奥国人已经个个躺下去，那两国前途的结果，不问可知了。我们这十岁大的中华民国，虽然目前像是多灾多难，但他的禀赋原来是很雄厚的，他的环境又不是和他不适，他这几年来的发育已经可观，难道还怕他会养不活不成？养活成了，还怕没有出息吗？只求国民别要自己看不起自己，别要把志气衰颓下去，将来在全人类文化上，大事业正多着哩。我们今天替国家做满十岁的头一回整寿，看着过去的成绩，想起将来的希望，把我欢喜得几乎要发狂了。我愿意跟着诸君齐声三呼：“中华国民万岁！”

趣味教育与教育趣味

四月十日在直隶教育联合研究会讲演

（1922 年 4 月 10 日）

一

假如有人问我："你信仰的甚么主义？"我便答道："我信仰的是趣味主义。"有人问我："你的人生观拿什么做根柢？"我便答道："拿趣味做根柢。"我生平对于自己所做的事，总是做得津津有味，而且兴会淋漓。什么悲观咧厌世咧这种字面，我所用的字典里头，可以说完全没有。我所做的事，常常失败——严格的可以说没有一件不失败——然而我总是一面失败一面做。因为我不但在成功里头感觉趣味，就在失败里头也感觉趣味。我每天除了睡觉外，没有一分钟一秒钟不是积极的活动。然而我绝不觉得疲倦，而且很少生病。

因为我每天的活动有趣得很。精神上的快乐，补得过物质上的消耗而有余。

趣味的反面是干瘪，是萧索。晋朝有位殷仲文，晚年常郁郁不乐，指着院子里头的大槐树叹气，说道："此树婆娑，生意尽矣。"一棵新栽的树，欣欣向荣，何等可爱。到老了之后，表面上虽然很婆娑，骨子里生意已尽。算是这一期的生活完结了。殷仲文这两句话，是用很好的文学技能，表出那种颓唐落寞的情绪。我以为这种情绪，是再坏没有的了。无论一个人或一个社会，倘若被这种情绪侵入弥漫，这个人或这个社会算是完了，再不会有长进。何止没长进，什么坏事都要从此产育出来。总而言之，趣味是活动的源泉，趣味干竭，活动便跟着停止。好像机器房里没有燃料，发不出蒸汽来。任凭你多大的机器，总要停摆。停摆过后，机器还要生锈，产生许多毒害的物质哩。人类若到把趣味丧失掉的时候，老实说，便是生活得不耐烦。那人虽然勉强留在世间，也不过行尸走肉。倘若全个社会如此，那社会便是痨病的社会，早已被医生宣告死刑。

二

"趣味教育"这个名词，并不是我所创造。近代欧美教育界早已通行了。但他们还是拿趣味当手段。我想进一步，拿趣味当目的。请简单说一说我的意见。

第一，趣味是生活的原动力。趣味丧掉，生活便成了无意义，这是不错。但趣味的性质，不见得都是好的。譬如好嫖好赌，何尝不是趣味。但从教育的眼光看来，这种趣味的性质，当然是不好。所谓好不好，并不必拿严酷的道德论做标准。既已主张趣味，便要求趣味的贯彻。倘若以有趣始以没趣终，那么趣味主义的精神，算完全崩落了。《世说新语》记一段故事："祖约性好钱，阮孚性好屐，世未判其得失。有诣约，见正料量财物，客至，屏当不尽，余两小簏，以著背后，倾身障之，意未能平。诣孚，正见自蜡屐，因叹曰：'未知一生当著几緉屐。'意甚闲畅。于是优劣始分。"这段话，很可以作为选择趣味的标准。凡一种趣味事项，倘或是要瞒人的，或是拿别人的苦痛换自己的快乐，或是快乐和烦恼相间相续的。这等统名为下等趣味。严格说起来，他就根本不能做趣味的主体。因为认这类事当趣味的人，常常遇着败兴，而且结果必至于俗语说的"没兴一起来"而后已。所以我们讲趣味主义的人，绝不承认此等为趣味。人生在幼年青年期，趣味是最浓的，成天价乱碰乱进。若不引他到高等趣味的路上，他们便非流入下等趣味不可。没有受过教育的人，固然容易如此。教育教得不如法，学生在学校里头找不出趣味，然而他们的趣味是压不住的，自然会从校课以外乃至校课反对的方向去找他的下等趣味。结果，他们的趣味是不能贯彻的，整个变成没趣的人生完事。我们主张趣味教育的人，是要趁儿童或青年趣味正浓而方向未决定的时候，给他们一种可以终身受用的趣味。这种教育办得圆满，能够令全社会整个永久是有趣的。

第二，既然如此，那么教育的方法，自然也跟着解决了。教育家无论多大能力，总不能把某种学问教通了学生，只能令受教的学生当着某种学问的趣味。或者学生对于某种学问原有趣味，教育家把他加深加厚。所以，教育事业从积极方面说，全在唤起趣味。从消极方面说，要十分注意，不可以摧残趣味。摧残趣味有几条路，头一件是注射式的教育。教师把课本里头东西叫学生强记，好像嚼饭给小孩吃，那饭已经是一点儿滋味没有了，还要叫他照样的嚼几口，仍旧吐出来看。那么，假令我是个小孩子，当然会认吃饭是一件苦不可言的事了。这种教育法，从前教八股完全是如此，现在学校里形式虽变，精神却还是大同小异。这样教下去，只怕永远教不出人才来。第二件是课目太多。为培养常识起见，学堂课目固然不能太少。为恢复疲劳起见，每日的课目固然不能不参错掉换，但这种理论，只能为程度的适用。若用得过分，毛病便会发生，趣味的性质，是越引越深。想引得深，总要时间和精力比较的集中才可。若在一个时期内，同时做十来种的功课，走马看花，应接不暇，初时或者惹起多方面的趣味，结果任何方面的趣味都不能养成。那么，教育效率可以等于零。为什么呢？因为受教育受了好些时，件件都是在大门口一望便了，完全和自己的生活不发生关系。这教育不是白费吗？第三件是拿教育的事项当手段。从前我们学八股，大家都有句通行话说他是敲门砖，门敲开了自然把砖也抛却，再不会有人和那块砖头发生起恋爱来。我们若是拿学问当作敲门砖看待，断乎不能有深入而且持久的趣味。我们为什么学数学？因为数学有趣所以学数学。为什么学历史？因为历史有趣所以学历史。为什么学画画，学打球？因为画画有趣打球有趣所以学画画学打球。人生的状态，本来是如此。教育的最大效能，也只是如此。各人选择他趣味最浓的事项做职业，自然一切劳作，都是目的，不是手段。越劳作越发有趣。反过来，若是学法政用来作做官的手段，官做不成怎么样呢？学经济用来做发财的手段，财发不成怎么样呢？结果必至于把趣味完全送掉。所以教育家最要紧教学生知道是为学问而学问，为活动而活动。所有学问，所有活动，都是目的，不是手段。学生能领会得这个见解，他的趣味自然终身不衰了。

三

以上所说，是我主张趣味教育的要旨。既然如此，那么在教育界立身的人，应该以教育为唯一的趣味，更不消说了。一个人若是在教育上不感觉有趣味，我劝他立刻改行，何必在此受苦！既已打算拿教育做职业，便要认真享乐，不辜负了这里头的妙味。

孟子说："君子有三乐，而王天下不与存焉。"那第三种就是"得天下英才而教育之"。他的意思是说教育家比皇帝要快乐。他这话绝不是替教育家吹空气，实际情形确是如此。我常想，我们对于自然界的趣味，莫过于种花。自然界的美，像山水风月等等，虽然能移我情，但我和他没有特殊密切的关系。他的美妙处，我有时便领略不出。我自己手种的花，他的生命和我的生命简直并合为一。所以我对着他，有说不出来的无上妙味。凡人工所做的事，那失败和成功的程度都不能预料。独有种花，你只要用一分心力，自然有一分效果还你，而且效果是日日不同，一日比一日进步。教育事业正和种花一样。教育者与被教育者的生命是并合为一的。教育者所用的心力，真是俗语说的"一分钱一分货"，丝毫不会枉费。所以我们要选择趣味最真而最长的职业，再没有别样比得上教育。

现在的中国，政治方面，经济方面，没有那件说起来不令人头痛。但回到我们教育的本行，便有一条光明大路摆在我们前面。从前国家托命，靠一个皇帝，皇帝不行，就望太子。所以许多政论家——像贾长沙一流都最注重太子的教育。如今国家托命是在人民，现在的人民不行，就望将来的人民。现在学校里的儿童青年，个个都是"太子"，教育家便是"太子太傅"。据我看，我们这一代的太子，真是"富于春秋，典学光明"。这些当太傅的，只要"鞠躬尽瘁"，好生把他培养出来，不愁不眼见中兴大业。所以别方面的趣味，或者难得保持，因为到处挂着“此路不通”的牌子，容易把人的兴头打断。教育家却全然不受这种限制。

教育家还有一种特别便宜的事。因为“教学相长”的关系，教人和自己研究学问是分离不开的。自己对于自己所好的学问，能有机会终身研究，是人生最快乐的事。这种快乐，也是绝对自由，一点不受恶社会的限制。做别的职业的人，虽然未尝不可以研究学问，但学问总成了副业了。从事教育职业的人，一面教育，一面学问，两件事完全打成一片。所以别的职业是一重趣味，教育家是两重趣味。

孔子屡屡说：“学而不厌，诲人不倦。”他的门生赞美他说：“正唯弟子不能及也。”一个人谁也不学，谁也不诲人，所难者确在不厌不倦。问他为什么能不厌不倦呢？只是领略得个中趣味。当然不能自已。你想，一面学，一面诲人，人也教得进步了，自己所好的学问也进步了。天下还有比他再快活的事吗？人生在世数十年，终不能一刻不活动。别的活动，都不免常常陷在烦恼里头，独有好学和好诲人，真是可以无入而不自得。若真能在这里得了趣味，还会厌吗？还会倦吗？孔子又说：“知之者不如好之者，好之者不如乐之者。”诸君都是在教育界立身的人，我希望更从教育的可好、可乐之点，切实体验，那么，不惟诸君本身得无限受用，我们全教育界也增加许多活气了。

科学精神与东西文化

八月二十日在南通为科学社年会讲演

(1922 年 8 月 20 日)

一

今日我感觉莫大的光荣，得有机会在一个关系中国前途最大的学问团体——科学社的年会来讲演。但我又非常惭愧而且惶恐，像我这样对于科学完全门外汉的人，怎样配在此讲演呢？这个讲题——《科学精神与东西文化》，是本社董事部指定要我讲的。我记得科学时代的笑话：有些不通秀才去应考，罚他先饮三斗墨汁，预备倒吊着滴些墨点出来。我今天这本考卷，只算倒吊着滴墨汁，明知一定见笑大方，但是句句话都是表示我们门外汉对于门内的“宗庙之美，百官之富”如何欣羡、如何崇敬、如何爱恋的一片诚意。我希望国内不懂科学的人或是素来看轻科学、讨厌科学的人，听我这番话得多少觉悟，那么，便算我个人对于本社一点贡献了。

近百年来科学的收获如此其丰富：我们不是鸟，也可以腾空；不是鱼，也可以入水；不是神仙，也可以和几百千里外的人答话……诸如此类，哪一件不是受科学之赐？任凭怎么顽固的人，谅来“科学无用”这句话，再不会出诸口了。然而中国为什么直到今日还得不着科学的好处？直到今日依然成为“非科学的国民”呢？我想，中国人对于科学的态度，有根本不对的两点：

其一，把科学看得太低了，太粗了。我们几千年来的信条，都说的“形而上者谓之道，形而下者谓之器”，“德成而上，艺成而下”这一类话。多数人以为科学无论如何如何高深，总不过属于艺和器那部分，这部分原是学问的粗迹，懂得不算稀奇，不懂得不算耻辱。又以为，我们科学虽不如人，却还有比科学更宝贵的学问——什么超凡入圣的大本领，什么治国平天下的大经纶，件件都足以自豪，对于这些粗浅的科学，顶多拿来当一种补助学问就够了。因为这种故见横亘在胸中，所以从郭筠仙、张香涛这班提倡新学的先辈起，都有两句自鸣得意的话，说什么“中学为体，西学为用”。这两句话现在虽然没有从前那么时髦了，但因为话里的精神和中国人脾胃最相投合，所以话的效力，直到今日，依然为变相的存在。老先生们不用说了，就算这几年所谓新思潮、所谓新文化运动，不是大家都认为蓬蓬勃勃有生气吗？试检查一检查他的内容，大抵最流行的莫过于讲政治上、经济上这样主义那样主义，我替他起个名字，叫做西装的治国平天下大经纶；次流行的莫过于讲哲学上、文学上这种精神那种精神，我也替他起个名字，叫做西装的超凡入圣大本领。至于那些脚踏实地平淡无奇的科学，试问有几个人肯去讲求——学校中能够有几处像样子的科学讲座？有了，几个人肯去听？出版界能够有几部有价值的科学书，几篇有价值的科学论文？有了，几个人肯去读？我固然不敢说现在青年绝对的没有科学兴味，然而兴味总不如别方面浓。须知，这是积多少年社会心理遗传下来！对于科学认为“艺成而下”的观念，牢不可破，直到今日，还是最爱说空话的人最受社会欢迎。做科学的既已不能如别种学问之可以速成，而又不为社会所尊重，谁肯埋头去学他呢？

其二，把科学看得太呆了，太窄了。那些绝对的鄙厌科学的人且不必责备，就是相对的尊重科学的人，还是十个有九个不了解科学性质。他们只知道科学研究所产结果的价值，而不知道科学本身的价值；他们只有数学、几何学、物理学、化学……等等概念，而没有科学的概念。他们以为学化学便懂化学，学几何便懂几何，殊不知并非化学能教人懂化学，几何能教人懂几何，实在是科学能教人懂化学和几何；他们以为只有化学、数学、物理、几何……等等才算科学，以为只有学化学、数学、物理、几何……等等才用得着科学，殊不知所有政治学、经济学、社会学……等等，只要够得上一门学问的，没有不是科学。我们若不拿科学精神去研究，便做那一门子学问也做不成。中国人因为始终没有懂得“科学”这个字的意义，所以五十年前很有人奖励学制船、学制炮，却没有人奖励科学；近十几年学校里都教的数学、几何、化学、物理，但总不见教会人做科学。或者说：只有理科、工科的人们才要科学，我不打算当工程师，不打算当理化教习，何必要科学？中国人对于科学的看法大率如此。

我大胆说一句话：中国人对于科学这两种态度倘若长此不变，中国人在世界上便永远没有学问的独立，中国人不久必要成为现代被淘汰的国民。

二

科学精神是什么？我姑从最广义解释：“有系统之真智识，叫做科学，可以教人求得有系统之真智识的方法，叫做科学精神。”这句话要分三层说明：

第一层，求真智识。智识是一般人都有的，乃至连动物都有。科学所要给我们的，就争一个“真”字。一般人对于自己所认识的事物，很容易便信以为真，但只要用科学精神研究下来，越研究便越觉求真之难。譬如说“孔子是人”，这句话不消研究，总可以说是真，因为人和非人的分别是很容易看见的。譬如说“老虎是恶兽”，这句话真不真便待考了。欲证明他是真，必要研究兽类具备某种某种性质才算恶，看老虎果曾具备了没有？若说老虎杀人算是恶，为什么人杀老虎不算恶？若说杀同类算是恶，只听见有人杀人，从没听见老虎杀老虎，然则人容或可以叫做恶兽，老虎却绝对不能叫做恶兽了。譬如说“性是善”，或说“性是不善”，这两句话真不真，越发待考了。到底什么叫做“性”？什么叫做“善”？两方面都先要弄明白。倘如孟子说的性咧，情咧，才咧，宋儒说的义理咧，气质咧，闹成一团糟，那便没有标准可以求真了。譬如说“中国现在是共和政治”，这句话便很待考。欲知他真不真，先要把共和政治的内容弄清楚，看中国和他合不合。譬如说“法国是共和政治”，这句话也待考。欲知他真不真，先要问“法国”这个字所包范围如何，若安南也算法国，这句话当然不真了。看这几个例，便可以知道，我们想对于一件事物的性质得有真知灼见，很是不容易。要钻在这件事物里头去研究，要绕着这件事物周围去研究，要跳在这件事物高头去研究，种种分析研究结果，才把这件事物的属性大略研究出来，算是从许多相类似容易混杂的个体中，发现每个个体的特征。换一个方向，把许多同有这种特征的事物，归成一类，许多类归成一部，许多部归成一组，如是综合研究的结果，算是从许多各自分离的个体中，发现出他们相互间的普遍性。经过这种种工夫，才许你开口说

“某件事物的性质是怎么样”。这便是科学第一件主要精神。

第二层，求有系统的真智识。智识不但是求知道一件一件事物便了，还要知道这件事物和那件事物的关系，否则零头断片的智识全没有用处。知道事物和事物相互关系，而因此推彼，得从所已知求出所未知，叫做有系统的智识。系统有二：一竖，二横。横的系统，即指事物的普遍性——如前段所说。竖的系统，指事物的因果律——有这件事物，自然会有那件事物；必须有这件事物，才能有那件事物；倘若这件事物有如何如何的变化，那件事物便会有或才能有如何如何的变化；这叫做因果律。明白因果，是增加新智识的不二法门，因为我们靠他，才能因所已知推见所未知；明白因果，是由智识进到行为的向导，因为我们预料结果如何，可以选择一个目的做去。虽然，因果是不轻容易谈的：第一，要找得出证据；第二，要说得出理由。因果律虽然不能说都要含有“必然性”，但总是愈逼近“必然性”愈好，最少也要含有很强的“盖然性”，倘若仅属于“偶然性”的，便不算因果律。譬如说“晚上落下去的太阳，明早上一定再会出来”，说“倘若把水煮过了沸度，他一定会变成蒸汽”，这等算是含有必然性，因为我们积千千万万回的经验，却没有一回例外；而且为什么如此，可以很明白说出理由来。譬如说“冬间落去的树叶，明年春天还会长出来”这句话便待考。因为再长出来的并不是这块叶，而且这树也许碰着别的变故再也长不出叶来。譬如说“西边有虹霓，东边一定有雨”这句话越发待考。因为虹霓不是雨的原因，他是和雨同一个原因，或者还是雨的结果。翻过来说，“东边有雨，西边一定有虹霓”这句话也待考。因为雨虽然可以为虹霓的原因，却还须有别的原因凑拢在一处，虹霓才会出来。譬如说“不孝的人要着雷打”这句话便大大待考。因为虽然我们也曾听见某个不孝人着雷，但不过是偶然的一回，许多不孝的人不见得都着雷，许多着雷的东西不见得都不孝；而且宇宙间有个雷公会专打不孝人，这些理由完全说不出来。譬如说“人死会变鬼”这句话越发大大待考。因为从来得不着绝对的证据，而且绝对的说不出理由。譬如说“治极必乱，乱极必治”这句话便很要待考。因为我们从中国历史上虽然举出许多前例，但说治极是乱的原因，乱极是治的原因，无论如何，总说不下去。譬如说“中国行了联省自治制后，一定会太平”这话也待考。因为联省自治虽然有致太平的可能性，无奈我们未曾试过。看这些例，便可知我们想应用因果律求得有系统的智识，实在不容易。总要积无数的经验——或照原样子继续忠实观察，或用人为的加减改变试验，务找出真凭实据，才能确定此事物与彼事物之关系。这还是第一步。再进一步，凡一事物之成毁，断不止一个原因，知道甲和乙的关系还不够，又要知道甲和丙、丁、戊……等等关系。原因之中又有原因，想真知道乙和甲的关系，便须先知道乙和庚、庚和辛、辛和壬……等等关系。不经过这些工夫，贸贸然下一个断案，说某事物和某事物有何等关系，便是武断，便是非科学的。科学家以许多有证据的事实为基础，逐层逐层看出他们的因果关系，发明种种含有必然性或含有极强盖然性的原则，好像拿许多结实麻绳组织成一张网，这网愈织愈大，渐渐的函盖到这一组知识的全部，便成了一门科学。这是科学第二件主要精神。

第三层，可以教人的智识。凡学问有一个要件，要能“传与其人”。人类文化所以能成立，全由于一人的智识能传给多数人，一代的智识能传给次代。我费了很大的工夫得一种新知识，把他传给别人，别人费比较小的工夫承受我的智识之全部或一部，同时腾出别的工夫又去发明新智识。如此教学相长，递相传授，文化内容自然一日一日的扩大。倘若智识不可以教人，无论这项智识怎样的精深博大，也等于“人亡政息”，于社会文化绝无影响。中国凡百学问，都带种“可以意会，不可以言传”的神秘性，最足为智识扩大之障碍。例如医学，我不敢说中国几千年没有发明，而且我还信得过确有名医。但总没有法传给别人，所以今日的医学，和扁鹊、仓公时代一样，或者还不如。又如修习禅观的人，所得境界，或者真是圆满庄严，但只好他一个人独享，对于全社会文化竟不发生丝毫关系。中国所有学问的性质，大抵都是如此。这也难怪。中国学问，本来是由几位天才绝特的人“妙手偶得”——本来不是按步就班的循着一条路去得着，何从把一条应循之路指给别人？科学家恰恰相反，他们一点点智识，都是由艰苦经验得来：他们说一句话总要举出证据，自然要将证据之如何搜集、如何审定一概告诉人；他们主张一件事总要说明理由，理由非能够还原不可，自然要把自己思想经过的路线，顺次详叙。所以别人读他一部书或听他一回讲义，不惟能够承受他研究所得之结果，而且一并承受他如何能研究得此结果之方法，而且可以用他的方法来批评他的错误。方法普及于社会，人人都可以研究，自然人人都会有发明。这是科学第三件主要精神。

三

中国学术界，因为缺乏这三种精神，所以生出如下之病证：

一、笼统 标题笼统——有时令人看不出他研究的对象为何物。用语笼统——往往一句话容得几方面解释。思想笼统——最爱说大而无当不着边际的道理，自己主张的是什么，和别人不同之处在哪里，连自己也说不出。

二、武断 立说的人，既不必负找寻证据、说明理由的责任，判断下得容易，自然流于轻率。许多名家著述，不独违反真理而且违反常识的，往往而有。既已没有讨论学问的公认标准，虽然判断谬误，也没有人能驳他，谬误便日日侵蚀社会人心。

三、虚伪 武断还是无心的过失。既已容许武断，便也容许虚伪。虚伪有二：（一）语句上之虚伪。如隐匿真证、杜撰假证或曲说理由，等等。（二）思想内容之虚伪。本无心得，貌为深秘，欺骗世人。

四、因袭 把批评精神完全消失，而且没有批评能力，所以一味盲从古人，剽窃些绪余过活。所以思想界不能有弹力性，随着时代所需求而开拓，倒反留着许多沉淀废质，在里头为营养之障碍。

五、散失 间有一两位思想伟大的人，对于某种学术有新发明，但是没有传授与人的方法，这种发明，便随着本人的生命而中断。所以他的学问，不能成为社会上遗产。

以上五件，虽然不敢说是我们思想界固有的病证，这病最少也自秦汉以来受了二千年。我们若甘心抛弃文化国民的头衔，那更何话可说！若还舍不得吗？试想，二千年思想界内容贫乏到如此，求学问的途径榛塞到如此，长此下去，何以图存？想救这病，除了提倡科学精神外，没有第二剂良药了。

我最后还要补几句话：我虽然照董事部指定的这个题目讲演，其实科学精神之有无，只能用来横断新旧文化，不能用来纵断东西文化。若说欧美人是天生成科学的国民，中国人是天生成非科学的国民，我们可绝对的不能承认。拿我们战国时代和欧洲希腊时代比较，彼此都不能说是有现代这种崭新的科学精神，彼此却也没有反科学的精神。秦汉以后，反科学精神弥漫中国者二千年；罗马帝国以后，反科学精神弥漫于欧洲者也一千多年。两方比较，我们隋唐佛学时代，还有点“准科学的”精神不时发现，只有比他们强，没有比他们弱。我所举五种病证，当他们教会垄断学问时代，件件都有；直到文艺复兴以后，渐渐把思想界的健康恢复转来，所谓科学者，才种下根苗；讲到枝叶扶疏，华实烂漫，不过最近一百年内的事。一百年的先进后进，在历史上值得计较吗？只要我们不讳疾忌医，努力服这剂良药，只怕将来升天成佛，未知谁先谁后哩！我祝祷科学社能做到被国民信任的一位医生，我祝祷中国文化添入这有力的新成分，再放异彩！

美术与生活

八月十三日在上海美术专门学校讲演

(1922年8月13日)

诸君，我是不懂美术的人，本来不配在此讲演。但我虽然不懂美术，却十分感觉美术之必要。好在今日在座诸君，和我同一样的门外汉谅也不少。我并不是和懂美术的人讲美术，我是专要和不懂美术的人讲美术。因为人类固然不能个个都做供给美术的“美术家”，然而不可不个个都做享用美术的“美术人”。

“美术人”这三个字是我杜撰的，谅来诸君听着很不顺耳。但我确信“美”是人类生活一要素——或者还是各种要素中之最要者，倘若在生活全内容中把“美”的成分抽出，恐怕便活得不自在甚至活不成。中国向来非不讲美术——而且还有很好的美术，但据多数人见解，总以为美术是一种奢侈品，从不肯和布帛菽粟一样看待，认为生活必需品之一。我觉得中国人生活之不能向上，大半由此。所以今日要标“美术与生活”这题，特和诸君商榷一回。

问人类生活于什么？我便一点不迟疑答道：“生活于趣味。”这句话虽然不敢说把生活全内容包举无遗，最少也算把生活根芽道出。人若活得无趣，恐怕不活着还好些，而且勉强活也活不下去。人怎样会活得无趣呢？第一种，我叫他做石缝的生活：挤得紧紧的，没有丝毫开拓余地，又好像披枷带锁，永远走不出监牢一步。第二种，我叫他做沙漠的生活：干透了，没有一毫润泽，板死了，没有一毫变化，又好像蜡人一般，没有一点血色，又好像一株枯树，庾子山说的“此树婆娑，生意尽矣”。这种生活是否还能叫做生活，实属一个问题。所以我虽不敢说趣味便是生活，然而敢说没趣便不成生活。

趣味之必要既已如此，然则趣味之源泉在哪里呢？依我看有三种：

第一，对境之赏会与复现。人类任操何种卑下职业，任处何种烦劳境界，要之总有机会和自然之美相接触——所谓水流花放，云卷月明，美景良辰，赏心乐事。只要你在一刹那间领略出来，可以把一天的疲劳忽然恢复，把多少时的烦恼丢在九霄云外。倘若能把这些影像印在脑里头，令他不时复现，每复现一回，亦可以发生与初次领略时同等或仅较差的效用。人类想在这种尘劳世界中得有趣味，这便是一条路。

第二，心态之抽出与印契。人类心理，凡遇着快乐的事，把快乐状态归拢一想，越想越有味，或别人替我指点出来，我的快乐程度也增加。凡遇着苦痛的事，把苦痛倾筐倒箧吐露出来，或别人能够看出我苦痛替我说出，我的苦痛程度反会减少。不惟如此，看出说出别人的快乐，也增加我的快乐；替别人看出说出苦痛，也减少我的苦痛。这种道理，因为各人的心都有个微妙的所在，只要搔着痒处，便把微妙之门打开了。那种愉快，真是得未曾有，所以俗话叫做“开心”。我们要求趣味，这又是一条路。

第三，他界之冥构与蓦进。对于现在环境不满，是人类普通心理，其所以能进化者亦在此。就令没有什么不满，然而在同一环境之下生活久了，自然也会生厌。不满尽管不满，生厌尽管生厌，然而脱离不掉他，这便是苦恼根原。然则怎么救济法呢？肉体上的生活，虽然被现实的环境捆死了，精神上的生活，却常常对于环境宣告独立。或想到将来希望如何如何，或想到别个世界，例如文学家的桃源，哲学家的乌托邦，宗教学的天堂、净土如何如何，忽然间超越现实界闯入理想界去，便是那人的自由天地。我们欲求趣味，这又是一条路。

第三种趣味，无论何人都会发动的。但因各人感觉机关用得熟与不熟，以及外界帮助引起的机会有无多少，于是趣味享用之程度，生出无量差别。感觉器官敏则趣味增，感觉器官钝则趣味减；诱发机缘多则趣味强，诱发机缘少则趣味弱。专从事诱发以刺激各人器官，不使钝的，有三种利器：一是文学，二是音乐，三是美术。

今专从美术讲。美术中最主要的一派，是描写自然之美，常常把我们所曾经赏会，或像是曾经赏会的都复现出来。我们过去赏会的影子印在脑中，因时间之经过渐渐淡下去，终必有不能复现之一日，趣味也跟着消灭了。一幅名画在此，看一回便复现一回，这画存在，我的趣味便永远存在。不惟如此，还有许多我们从前不注意，赏会不出的，他都写出来指导我们赏会的路，我们多看几次，便懂得赏会方法，往后碰着种种美境，我们也增加许多赏会资料了。这是美术给我们趣味的第一件。

美术中有刻画心态的一派，把人的心理看穿了，喜、怒、哀、乐，都活跳在纸上。本来是日常习见的事，但因他写的唯妙唯肖，便不知不觉间把我们的心弦拨动，我快乐时看他便增加快乐，我苦痛时看他便减少苦痛。这是美术给我们趣味的第二件。

美术中有不写实境、实态而纯凭理想构造成的。有时我们想构一境，自觉模糊断续不能构成，被他都替我表现了，而且他所构的境界种种色色，有许多为我们所万想不到，而且他所构的境界优美高尚，能把我们卑下平凡的境界压下去。

他有魔力，能引我们跟着他走，闯进他所到之地。我们看他的作品时，便和他同住一个超越的自由天地。这是美术给我们趣味的第三件。

要而论之，审美本能是我们人人都有的。但感觉器官不常用或不会用，久而久之麻木了。一个人麻木，那人便成了没趣的人；一民族麻木，那民族便成了没趣的民族。美术的功用，在把这种麻木状态恢复过来，令没趣变为有趣。换句话说，是把那渐渐坏掉了的爱美胃口，替他复原，令他常常吸受趣味的营养，以维持增进自己的生活康健。明白这种道理，便知美术这样东西在人类文化系统上该占何等位置了。

以上是专就一般人说。若就美术家自身说，他们的趣味生活，自然更与众不同了。他们的美感，比我们锐敏若干倍，正如《牡丹亭》说的“我常一生儿爱好是天然”。我们领略不着的趣味，他们都能领略，领略够了，终把些唾余分赠我们。分赠了我们，他们自己并没有一毫破费，正如老子说的“既以为人，己愈有；既以与人，己愈多”。假使“人生生活于趣味”这句话不错，他们的生活真是理想生活了。

今日的中国，一方面要多出些供给美术的美术家，一方面要普及养成享用美术的美术人。这两件事都是美术专门学校的责任，然而该怎样的督促赞助美术专门学校，叫他完成这责任，又是教育界乃至一般市民的责任。我希望海内美术大家和我们不懂美术的门外汉各尽责任做去。

五十年中国进化概论

(1923年2月)

一

申报馆里的朋友，替他们“馆翁申老先生”做五十整寿，出了许多题目找人做寿文，把这个题目派给我。呵呵，恰好我和这位“申老先生”是同庚，只怕我还是忝长几天的老哥哥哩。所以我对于这篇寿文，倒有点特别兴味。

却是一件，我们做文章的人，最怕人出题目叫我做。因为别人标的题，不见得和我所要说的话内容一致。我到底该做他的题呀，还是该说我的话呢？即如这个题目，头一桩受窘的是范围太广阔，若要做一篇名副其实的文章，恐怕非几十万字不可；再不然，我可以说一句“请看本书第二、第三两编里头那几十篇大文”，我便交白卷完事。第二桩受窘的是目的太窄酷，题目是五十年的进化，许我说他的退化不呢？既是庆寿文章，逼着要带几分“善颂善祷”的应制体裁，那末，可是更难着笔了。既已硬派我在这个题目底下做文章，我却有两段话须得先声明：第一，我所说的不能涉及中国全部事项，因为对于逐件事项观察批评，我没有这种学力。我若是将某件某件如何进步说个大概，我这篇文章，一定变成肤廓滥套的墨卷。我劝诸君，不如看下边那几十篇大文好多着哩。诸君别要误认我这篇是下边几十篇的总括，我不过将我下笔时候所感触的几件事随便写下来，绝无组织，绝无体例。老实说，我这篇只算是“杂感”，不配说是“概论”。第二，题目标的是“进化”，我自然不能不在进化范围内说，但要我替中国瞎吹，我却不能。我对于我们所亲爱的国家，固然想“隐恶而扬善”，但是他老人家有什么毛病，我们也不应该“讳疾忌医”，还是直说出来大家想法子补救补救才好。所以我虽说他进化，那不进化的地方，也常常提及。这样说来，简直是“文不对题”了。好吗，就把不对题的文胡乱写出来。

二

有一件大事，是我们五千年来祖宗的继续努力，从没有间断过的，近五十年，依然猛烈进行，而且很有成绩。是件什么事呢？我起他一个名，叫做“中华民族之扩大”。原来我们中华民族，起初不过小小几个部落，在山东、河南等处地方得些根据地，几千年间，慢慢地长……长……，长成一个硕大无朋的巨族，建设这泱泱雄风的大国。他长的方法有两途：第一是把境内境外无数的异族叫他同化于我，第二是本族的人年年向边境移殖，把领土扩大了。五千年来的历史，都是向这条路线进行，我也不必搬多少故事来作证了。近五十年，对于这件事，有几方面成功很大，待我说来：一、洪杨乱后，跟着西南地方有苗乱，蔓延很广，费了十几年工夫才平定下来。这一次平定，却带几分根本解决性质，从此以后，我敢保中国再不会有“苗匪”这名词了。原来我族对苗族，乃是黄帝、尧、舜以来一桩大公案，闹了几千年，还没有完全解决，在这五十年内，才把“黄帝伐蚩尤”那篇文章做完最末的一段，确是历史上值得特笔大书的一件事。二、辛亥革命，满清逊位，在政治上含有很大意义，下文再说，专就民族扩大一方面看来，那价值也真不小。原来东胡民族，和我们捣乱捣了一千七八百年，五胡南北朝时代的鲜卑，甚么慕容燕、拓拔魏、宇文周，唐宋以后，契丹跑进来叫做辽，女真跑进来叫做金，满洲跑进来叫做清，这些都是东胡族。我们吃他们的亏真算吃够了，却是跑进来过后，一代一代的都被我们同化。最后来的这帮满洲人，盘据是盘据得最久，同化也同化得最透。满洲算是东胡民族的大总汇，也算是东胡民族的大结束。近五十年来，满人的汉化，以全速率进行，到了革命后个个满人头上都戴上一个汉姓，从此世界上可真不会有满洲人了。这便是把二千年来的东胡民族，全数融纳进来，变了中华民族的成分，这是中华民族扩大的一大段落。三、内地人民向东北、西北两方面发展，也是近五十年一大事业。东三省这块地方，从前满洲人预备拿来做退归的老巢，很用些封锁手段，阻止内地人移殖。自从经过中日、日俄几场战争，这块地方变成四战之区，交通机关大开，经济现状激变。一方面虽然许多利权落在别人手上，一方面关内外人民关系之密度，确比从前增加好些，东三省人和山东、直隶人渐渐打成一片了。再看西北方面，自从左宗棠开府甘陕，内地的势力日日往那边膨胀，光绪间新疆改建行省，于是两汉以来始终和我们若即若离的西域三十六国，算是完全编入中国版图，和内地一样了。这种民族扩大的势力，现在还日日向各方面进行。外蒙古、阿尔泰、青海、川边等处，都是在进步活动中。四、海外殖民事业，也在五十年间很有发展。从前南洋一带，自明代以来，闽粤人已经大行移殖，近来跟着欧人商权的发达，我们侨民的经济势力，也确立得些基础。还有美洲、澳洲等处，从前和我们不相闻问，如今华侨移住，却成了世界问题了。这都是近五十年的事，都是我们民族扩大的一种表征。

民族扩大，是最可庆幸的一件事。因此可以证明我们民族正在青春时代，还未成年，还天天在那里长哩。这五十年里头，确能将几千年未了的事业了他几桩，不能不说是国民努力的好结果。最可惜的，有几方面完全失败了：第一是台湾，第二是朝鲜，第三是安南。台湾在这五十年内的前半期，很成了发展的目的地，和新疆一样，到后半期被人抢去了。朝鲜和安南，都是祖宗屡得屡失的基业，到我们手上完全送掉。海外殖民，也到处被人迎头痛击。须知我们民族会往前进，别的民族也会往前进，今后我们若是没有新努力，恐怕只有兜截转来，再没有机会能继续扩大了。

三

学问和思想的方面，我们不能不认为已经有多少进步，而且确已替将来开出一条大进步的路径。这里头最大关键，就是科举制度之扑灭。科举制度，有一千多年的历史，真算得深根固蒂。他那最大的毛病，在把全国读书人的心理都变成虚伪的、因袭的、笼统的，把学问思想发展的源泉都堵住了。废科举的运动，在这五十年内的初期，已经开始，郭嵩焘、冯桂芬等辈，都略略发表这种意见，到“戊戌维新”前后，当时所谓新党如康有为、梁启超一派，可以说是用全副精力对于科举制度施行总攻击。前后约十年间，经了好几次波折，到底算把这件文化障碍物打破了。如今过去的陈迹，很像平常，但是用历史家眼光看来，不能不算是五十年间一件大事。

这五十年间我们有什么学问可以拿出来见人呢？说来惭愧，简直可算得没有。但是这些读书人的脑筋，却变迁得真厉害。记得光绪二年有位出使英国大臣郭嵩焘，做了一部游记，里头有一段，大概说："现在的夷狄，和从前不同，他们也有二千年的文明。"嗳哟，可了不得，这部书传到北京，把满朝士大夫的公愤都激动起来了，人人唾骂，日日奏参，闹到奉旨毁板才算完事。曾几何时，到如今"新文化运动"这句话，成了一般读书社会的口头禅。马克思差不多要和孔子争席，易卜生差不多要推倒屈原。这种心理对不对，另一问题，总之这四十几年间思想的剧变，确为从前四千余年所未尝梦见。比方从前思想界是一个死水的池塘，虽然许多浮萍荇藻掩映在面上，却是整年价动也不动，如今居然有了"源泉混混，不舍昼夜"的气象了。虽然他流动的方向和结果，现在还没有十分看得出来，单论他由静而动的那点机势，谁也不能不说他是进化。

古语说得好："学然后知不足。"近五十年来，中国人渐渐知道自己的不足了。这点子觉悟，一面算是学问进步的原因，一面也算是学问进步的结果。第一期，先从器物上感觉不足。这种感觉，从鸦片战争后渐渐发动，到同治年间借了外国兵来平内乱，于是曾国藩、李鸿章一班人，很觉得外国的船坚炮利，确是我们所不及，对于这方面的事项，觉得有舍己从人的必要，于是福建船政学堂、上海制造局等等渐次设立起来。但这一期内，思想界受的影响很少，其中最可纪念的，是制造局里头译出几部科学书。这些书现在看起来虽然很陈旧、很肤浅，但那群翻译的人，有几位颇忠实于学问。他们在那个时代，能够有这样的作品，其实是亏他。因为那时读书人都不会说外国话，说外国话的都不读书，所以这几部译本书，实在是替那第二期“不懂外国话的西学家”开出一条血路了。第二期，是从制度上感觉不足。自从和日本打了一个败仗下来，国内有心人，真像睡梦中着一个霹雳，因想道，堂堂中国为什么衰败到这田地，都为的是政制不良，所以拿“变法维新”做一面大旗，在社会上开始运动，那急先锋就是康有为、梁启超一班人。这班人中国学问是有底子的，外国文却一字不懂。他们不能告诉人“外国学问是什么，应该怎么学法”，只会日日大声疾呼，说：“中国旧东西是不够的，外国人许多好处是要学的。”这些话虽然像是囫囵，在当时却发生很大的效力。他们的政治运动，是完全失败，只剩下前文说的废科举那件事，算是成功了。这件事的确能够替后来打开一个新局面，国内许多学堂，外国许多留学生，在这期内蓬蓬勃勃发生。第三期新运动的种子，也可以说是从这一期播殖下来。这一期学问上最有价值的出品，要推严复翻译的几部书，算是把十九世纪主要思潮的一部分介绍进来，可惜国里的人能够领略的太少了。第三期，便是从文化根本上感觉不足。第二期所经过时间，比较的很长——从甲午战役起到民国六七年间止。约二十年的中间，政治界虽变迁很大，思想界只能算同一个色彩。简单说，这二十年间，都是觉得我们政治、法律等等，远不如人，恨不得把人家的组织形式，一件件搬进来，以为但能够这样，万事都有办法了。革命成功将近十年，所希望的件件都落空，渐渐有点废然思返，觉得社会文化是整套的，要拿旧心理运用新制度，决计不可能，渐渐要求全人格的觉悟。恰值欧洲大战告终，全世界思潮都添许多活气，新近回国的留学生，又很出了几位人物，鼓起勇气做全部解放的运动。所以最近两三年间，算是划出一个新时期来了。这三期间思想的进步，试把前后期的人物做个尺度来量他一下，便很明白：第一期，如郭嵩焘、张佩纶、张之洞等辈，算是很新很新的怪物。到第二期时，嵩焘、佩纶辈已死去，之洞却还在。之洞在第二期前半，依然算是提倡风气的一个人，到了后半，居然成了老朽思想的代表了。在第二期，康有为、梁启超、章炳麟、严复等辈，都是新思想界勇士，立在阵头最前的一排。到第三期时，许多新青年跑上前线，这些人一躺一躺被挤落后，甚至已经全然退伍了。这种新陈代谢现象，可以证明这五十年间思想界的血液流转得很快，可以证明思想界的体气实已渐趋康强。

拿过去若干个五十年和这个五十年来比，这五十年诚然是进化了；拿我们这五十年和别人家的这五十年来比，我们可是惭愧无地。试看这五十年的美国何如，这五十年的日本何如，这五十年的德国何如，这五十年的俄国何如？他们政治上虽然成败不同，苦乐不等，至于学问思想界，真都算得一日千里！就是英法等老国，又那一个不是往前飞跑？我们闹新学闹了几十年，试问科学界可曾有一两件算得世界的发明，艺术家可曾有一两种供得世界的赏玩，出版界可曾有一两部充得世界的著述？哎，只好等第三期以后看怎么样罢。

四

“五十年里头，别的事都还可以勉强说是进化，独有政治，怕完全是退化吧”这句话，几几乎万口同声都是这样说，连我也很难得反对。虽然，从骨子里看来，也可以说这五十年的中国，最进化的便是政治。原来政治是民意所造成，不独“德谟克拉西”政治是建设在多数人意识之上，即独裁政治、寡头政治，也是建设在多数人意识之上。无论何种政治，总要有多数人积极的拥护——最少亦要有多数人消极的默认，才能存在。所以国民对于政治上的自觉，实为政治进化的总根源。这五十年来中国具体的政治，诚然可以说只有退化并无进化，但从国民自觉的方面看来，那意识确是一日比一日鲜明，而且一日比一日扩大、自觉。觉些甚么呢？第一，觉得凡不是中国人都没有权来管中国的事。第二，觉得凡是中国人都有权来管中国的事。第一种是民族建国的精神，第二种是民主的精神。这两种精神，从前并不是没有，但那意识常在睡眠状态之中，朦朦胧胧的，到近五十年——实则是近三十年——却很鲜明的表现出来了。我敢说，自从满洲退位以后，若再有别个民族想抄袭五胡、元魏、辽、金、元、清那套旧文章再来“入主中国”，那可是海枯石烂不会出来的事。我敢说，已经挂上的民国招牌，从今以后千千万万年再不会卸下，任凭你像尧、舜那么贤圣，像秦始皇、明太祖那么强暴，像曹操、司马懿那么狡猾，再要想做中国皇帝，乃永远没有人答应。这种事实，你别要看轻他了，别要说他只有空名并无实际。古语说得好：“名者实之宾。”凡事能够在社会上占得个“正名定分”，那么，第二步的“循名责实”自然会跟着来。总之在最近三十年间我们国民所做的事业：第一件，是将五胡乱华以来一千多年外族统治的政治根本铲除；第二件，是将秦始皇以来二千多年君主专制的政治永远消灭。而且这两宗事业，并非无意识的偶然凑会，的确是由人民一种根本觉悟，经了很大的努力，方才做成。就这一点看来，真配是上“进化”这两个字了。

民国成立这十年来，政治现象诚然令人呕气，但我以为不必失望。因为这是从两个特别原因造成，然而这些原因都快要消灭了。第一件，革命时候，因为人民自身力量尚未充足，不能不借重固有势力来做应援。这种势力，本来是旧时代的游魂。旧时代是有二千多年历史的，他那游魂，也算得“取精用宏”，一二十年的猖獗，势所难免。如今他的时运，也过去大半了，不久定要完全消灭，经过一番之后，政治上的新时代，自然会产生出来①。第二件，社会上的事物，一张一弛，乃其常态。从甲午、戊戌到辛亥，多少仁人志士，实在是闹得疲筋力倦，中间自然会发生一时的惰力。尤为可惜的，是许多为主义而奋斗的人物，都做了时代的牺牲死去了。后起的人，一时接不上气来，所以中间这一段，倒变成了黯然无色。但我想这时代也过去了，从前的指导人物，像是已经喘过一口气，从新觉悟，从新奋斗，后方的战斗力，更是一天比一天加厚。在这种形势之下，当然有一番新气象出来。

要而言之，我对于中国政治前途，完全是乐观的。我的乐观，却是从一般人的悲观上发生出来。我觉得这五十年来的中国，正像蚕变蛾、蛇蜕壳的时代。变蛾蜕壳，自然是一件极艰难、极苦痛的事，哪里能够轻轻松松地做到。只要他生理上有必变必蜕的机能，心理上还有必变必蜕的觉悟，那么，把那不可逃避的艰难苦痛经过了，前途便别是一个世界。所以我对于人人认为退化的政治，觉得他进化的可能性却是

---

① 不是委心任命的话，其实事理应该如此——作者原注。

最大哩。

五

此外，社会上各种进化状况，实在不少，可惜我学力太薄，加以时日仓卒，不能多举了。好在还有各位专门名家的论著，可以发挥光大。我姑且把我个人的“随感”胡乱写出来，并且表示我愿意和我们老同年“申老先生”继续努力。

什么是文化

为南京金陵大学第一中学讲演

(1922 年)

“什么是文化?”这个定义真是不容易下。因为这类抽象名词，都是各家学者各从其所抽之象而异其概念，所以往往发生聚讼。何况“文化”这个概念，原是很晚出的，从翁特（Wundt）和立卡儿特（Rickert）以后，才算成立。他的定义，只怕还没有讨论到彻底哩。我现在也不必征引辨驳别家学说，径提出我的定义来，是：

文化者，人类心能所开积出来之有价值的共业也。

“共业”两个字，用的是佛家术语。“业”是什么呢？我们所有一切身心活动，都是一刹那一刹那的飞奔过去，随起随灭，毫不停留。但是每活动一次，他的魂影便永远留在宇宙间，不能磨灭。勉强找个比方，就像一个老宜兴茶壶，多泡一次茶，那壶的内容便生一次变化。茶吃完了，茶叶倒去了，洗得干干净净，表面上看来什么也没有，然而茶的“精”渍在壶内，第二次再泡新茶，前次渍下的茶精便起一番作用，能令茶味更好。茶之随泡随倒随洗，便是活动的起灭，渍下的茶精便是业。茶精是日渍日多，永远不会消失的，除非将壶打碎。这叫做业力不灭的公例。在这种不灭的业力里头，有一部分我们叫他做“文化”①。

茶壶是死的，呆的，各归各的，这个壶渍下的茶精，不能通到那个壶。人类不然，活的，整个的，相通的。一个人的活动，势必影响到别人，而且跑得像电子一般快，立刻波荡到他所属的社会乃至人类全体。活动流下来的魂影，本人渍得最深，大部分遗传到他的今生，他生，或他的子孙，永不磨灭，是之谓“别业”。还有一部分，像细雾一般，霏洒在他所属的社会乃至全宇宙，也是永不磨灭，是之谓“共业”。又叫做业力周遍的公例。文化是共业范围内的东西，因为通不到旁人的“别业”，便与组织文化的网子无关了。但还有一点应当注意，共业是实在的，整个的，虽然可以说是由许多别业融化而成，但决不是把许多别业加起来凑成。

---

① 这个比方自然不能确切，因为，拿死的茶壶比活的人，如何会对呢？不过为学者容易构成观念起见，找个近似的做引线罢了——作者原注。

文化是共业之一部，但共业之全部并非都是文化。文化非文化，当以有无价值为断。然则价值又是什么呢？凡事物之“自然而然如此”或“不能不如此”者，则无价值之可评。即评，也是白评。可以如此，可以不如此，而我们认为应该如此，这是经我们评定选择之后才发生出来的价值；认为应该如此，就做到如此，便是我们得着的价值。由此言之，必须人类自由意志选择且创造出来的东西，才算有价值。自由意志所无如之何的东西，我们便没有法子说出他的价值。我们拿价值有无做标准来看宇宙间事物，可以把他们划然分为两系：一是自然系，二是文化系。自然系是因果法则所支配的领土，文化系是自由意志所支配的领土。

人类活动，有一部分是与文化系无关的。依我的见解，人类活动之方式及其所属系统，应表示如下：

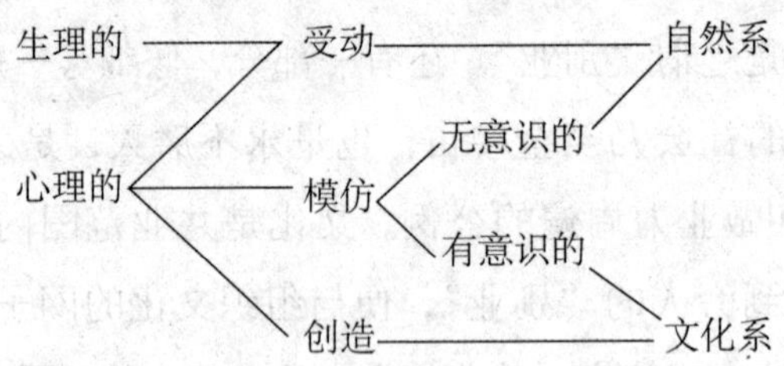

生理上的受动如饥则食，渴则饮，疲倦则休息，乃至血管运行渣液排泄等等；心理上的受动，如五官接物则有感觉，有感觉则有印象，有记忆等等，这都是不得不然的理法，与

天体运行物质流转性质相同，全属自然界现象，其与文化系无关，自不待言。再进一步，则心理作用中之无意识的模仿，如衣服的款式常常变迁，如两个人相处日子久了，彼此的言语动作，有一部分互相传染，这都是“自然而然如此”，也与文化系无关。就全社会活动而论，也有属于这类的。例如社会在某种状态之下，人口当然会增殖；在某种状态之下，当然会斗争或战争；乃至在某种状态之下，当然发生某种特殊阶级。这都是拿因果法则推算得出来的。换一句话说，这是生物进化的通则，并非人类所独有，所以不能归入文化范围内。

人类所以独称为文化的动物者，全在其能创造且能为有意识的模仿。“创造”怎么解呢？

> 创造者，人类以自己的自由意志，选定一个自己所想要到达的地位，便用自己的“心能”闯进那地位去。

假如人类没有了这种创造的意志和力量，那么，一部历史，将如河岸上沙痕，一层一层的堆积上去，经几千几万年都是一样，我们也可以算定他明年如何，后年如何，乃至百千万年后如何。然而人类决不如此，他的自由意志恁样的发动和发动方向如何，不惟旁人猜不着，乃至连他自己今天也猜不着明天怎么样，这一秒钟也猜不着后一秒钟怎么样。他是绝对不受任何因果律之束缚限制，时时刻刻可以为不断的发动，便时时刻刻可以为不断的创造。人类能对于自然界宣告独立，开拓出所谓文化领域者，全靠这一点。创造的概念，大略如上，但仍须注意者四点：

（一）创造不必定在当时此地发生效果。所以有在此时创造，到几百年后才看见结果的。例如孔子的创造力，到汉以后才表见，或者从今日以后才表见。亦有在此处创造，结果不见于此处而见于彼处者。例如基督的创造力，在犹太看不出，在罗马才看得出。要之，一切创造，都循“业力周遍不灭”的公例，超越时间空间，永远普遍的存在。

（二）创造的效果，不必定和创造人所期待者同其内容。例如清教徒到美洲，原只为保持信仰自由，结果会创建美国。汉武帝通西域，原只为防御匈奴，结果会促成中印交通。这是什么缘故呢？因为一个创造，常常引起第二、第三个创造。所以也可以说，创造能力是累进的。

（三）创造是永不会圆满的。这句话怎样讲呢？凡一件事物到完成的时候，便是创造力停止的时候。譬如这张桌子，完全造成后放在这里，还有什么创造？创造的工夫，一定要在未有桌子或未成桌子之时①。桌子是死的，有完成的那一天，所以经过一个期间，创造便停止。人类文化是活的，永

① 这些譬喻总不能贴切，万勿拘泥——作者原注。

远没有完成的那一天，所以永远容得我们创造。亦正惟因此之故，从事创造者，只能以“部分的”“不圆满的”自甘。

（四）创造是不能和现境距离很远的。创造的动机，总是因为对于现在的环境不满意或不安心，想另外开拓出一种新环境来。所以创造必与现境生距离，其理易明。但这种距离，是不容太远而且不会太远的，太远便引不起创造，或创造不成。创造者总是以他所处的现境为立脚点，前走一步或两步。换一句话说，是在不圆满的宇宙中间，一寸二寸的向圆满理想路上挪去。

以上算把创造的性质大略解释明白了，跟着还要说说“模仿的性质”。我们既已晓得创造之可贵，提到模仿，便认为创造的反面，像是很不值钱的。这种见解却错了。模仿分为有意识、无意识两种，无意识的模仿，自然没有什么价值，前文曾经说过。现在所讲，专指有意识的模仿。依我看：

模仿是复性的创造，有模仿才有共业。

“复”有两义：一是个体的复集，二是时间的复现。假如人类没有这两种性能，那么，虽然有很大的创造，也只是限于一时，连“业”也不能保持，或者限于一人，只能造成“别业”，如何会有文化呢？须知无论创造力若何伟大之人[①]，总不能没有他所依的环境，既有所依的环境，自然对于环

① 例如孔子、释迦——作者原注。

境[①]有所感受，感受即是模仿的资粮。所以严格说来，无论何种创造行为中，都不能绝对的不含有模仿的成分。这是说创造以前的事。创造以后呢？一方面自己将所创造者常常为心理的复现，令创造的内容越加丰富确实；一方面熏感到别人，被熏感的人，把那新创造的吸收到他的“识阈”中，形成他的“心能”之一部分，加工协造。这两种作用，都是模仿，内中第二种尤为重要。

凡有意识的模仿，都是经过自由意志选择才发生的，所以他的本质，已经是和创造同类。尤当注意者，凡模仿的活动，必不能与所模仿者丝毫都吻合。因为所模仿的对象，经过能模仿者的“识阈”，当然起多少化学作用，当然有若干之修正或蜕变。所以严格说来，无论何种模仿行为中，又不能绝对的不含有创造的成分。因此也可以说：“模仿是群众体的创造。”明白这种意味，方才知道所谓“民族心”，所谓“时代精神”者作何解。

人类有创造、模仿两种“心能”，都是本着他的自由意志，不断的自动互发。因以“开拓”其所欲得之价值，而“积厚”其所已得之价值。随开随积，随积随开，于是文化系统以成。所以说：“文化者，人类心能所开积出来之有价值的共业也。”

---

① 固有的文化——作者原注。

以上所说，把“文化”的观念，略已确定，还要附带着一审查文化之内容。依我说：

文化是包含人类物质、精神两面的业种、业果而言。

文化是人类以自由意志选定价值，凭自己的心能开积出来，以进到自己所想站的地位。既如前述，价值选定，当然要包含物质、精神两面。人类欲望最低限度，至少也想到“利用厚生”，为满足这类欲望，所以要求物质的文化，如衣、食、住及其他工具等之进步。但欲望决不是如此简单便了，人类还要求秩序，求愉乐，求安慰，求拓大。为满足这类欲望，所以要求精神的文化，如言语、伦理、政治、学术、美感、宗教等。这两部分拢合起来，便是文化的总量。

说到这里，要把业种、业果两语先为解释一下。这也是用的佛家术语，“种”即种子，“果”即果实。一棵树是由很微细的一粒种子发生出来，这粒种子，含有无限创造力，不断的长，长，长，开枝，发叶，放花，结果，到结成满树果实时，便是创造力成了结晶体，便算“一期的创造”暂作结束。但只要这棵树不死，他的创造力并不消灭，还跟着有第二、第三乃至无数期的创造。一面那果实里头，又含有种子，碰着机会，又从新发出创造力来，也是一期、二期……的不断，如是一个种生无数个果，果又生种，种又生果，一层一层的开积出去。人类活动所组成的文化之网，正是如此。

但此中有一点万不可以忘记，业果成熟时，便是一期创造的结束。现在请归到文化本题来说明此理。人类用创造或模仿的方式开积文化，那创造心，模仿心及其表现出来的活动便是业种，也可以说是文化种。活动一定有产出来的东西，产出来的东西一定有实在体。换一句话说，创造力终须有一日变成“结晶”。这种结晶，便是业果，也可以说是文化果。文化种与文化果有很不同的性质，文化种是活的，文化果是呆的。试举其例，科学发明是业种，是活的，用那发明来创造的机器是业果，是呆的。人权运动是业种，是活的，运动产生出来的宪法是业果，是呆的。美感是业种，是活的，美感落到字句上成一首诗，落到颜色上成一幅画，是业果，是呆的。所以我说创造不会圆满，圆满时创造便停。业果成熟，便是活力变成结晶，便是一期的创造圆满而停息。就这一点论，很可以拿珊瑚岛作个譬喻。海底的珊瑚，刻刻不停的在那里活动，我们不知道他有目的没有，假使有目的，可以说他想创造珊瑚岛，但是到珊瑚岛造成时，他本身却变作灰石。文化到了结晶成果的时候，便有这种气象。所以已成的文化果是不容易改变的，停顿久了，那僵质也许成为活动的障碍物。但人类文化果，究竟不能拿珊瑚岛作比。因为珊瑚变成灰石之后，灰石里头便一毫活力也没有。人类文化果不然，正如刚才说的树上果实，果中含有种子，所以能够从文化果中熏发文化种，从新创造起来。人性中不可思议的神秘，都在这一点。

今请将文化内容的总量列一张表作结：

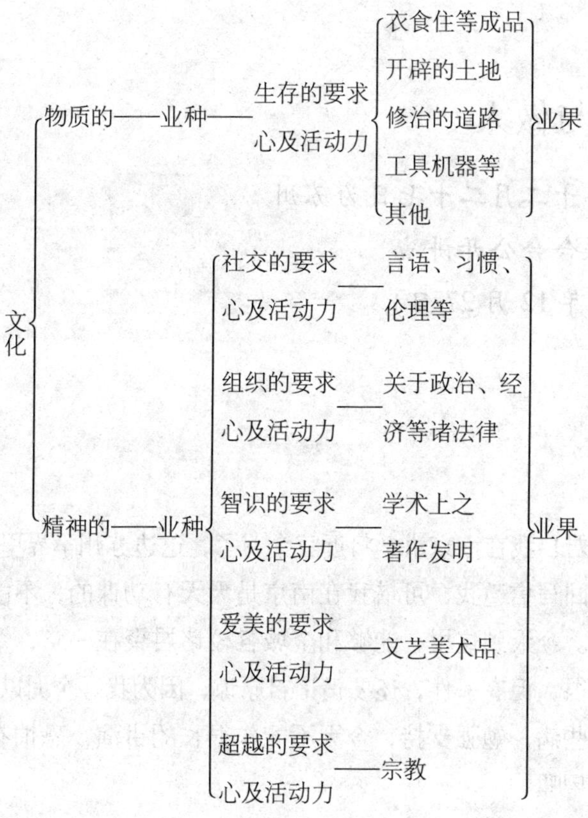

为学与做人

十一年十二月二十七日为苏州学生联合会公开讲演

(1922年12月27日)

诸君！我在南京讲学将近三个月了，这边苏州学界里头，有好几回写信邀我，可惜我在南京是天天有功课的，不能分身前来。今天到这里，能够和全城各校诸君聚在一堂，令我感激得很，但有一件，还要请诸君原谅，因为我一个月以来，都带着些病，勉强支持，今天不能作很长的讲演，恐怕有负诸君期望哩。

问诸君“为什么进学校?”我想人人都会众口一辞的答道：“为的是求学问。”再问：“你为什么要求学问?”“你想学些什么?”恐怕各人的答案就很不相同，或者竟自答不出来了。诸君啊！我请替你们总答一句罢：“为的是学做人。”你在学校里头学的什么数学、几何、物理、化学、生理、心理、历史、地理、国文、英语，乃至什么哲学、文学、科学、政治、法律、经济、教育、农业、工业、商业等等，不过是做人所需要的一种手段，不能说专靠这些便达到做人的目的，任凭你把这些件件学得精通，你能够成个人不能成个人还是个问题。

人类心理，有知、情、意三部分。这三部分圆满发达的状态，我们先哲名之为三达德——智、仁、勇。为什么叫做“达德”呢？因为这三件事是人类普通道德的标准，总要三件具备才能成一个人。三件的完成状态怎么样呢？孔子说：“知者不惑，仁者不忧，勇者不惧。”所以教育应分为知育、情育、意育三方面——现在讲的智育、德育、体育不对，德育范围太笼统，体育范围太狭隘——知育要教到人不惑，情育要教到人不忧，意育要教到人不惧。教育家教学生，应该以这三件为究竟，我们自动的自己教育自己，也应该以这三件为究竟。

怎么样才能不惑呢？最要紧是养成我们的判断力。想要养成判断力，第一步，最少须有相当的常识，进一步，对于自己要做的事须有专门智识，再进一步，还要有遇事能断的智慧。假如一个人连常识都没有，听见打雷，说是雷公发威，看见月蚀，说是蛤蟆贪嘴。那么，一定闹到什么事都没有主意，碰着一点疑难问题，就靠求神问卜看相算命去解决，真所谓“大惑不解”，成了最可怜的人了。学校里小学中学所教，就是要人有了许多基本的常识，免得凡事都暗中摸索。但仅仅有这点常识还不够，我们做人，总要各有一件专门职业。这门职业，也并不是我一人破天荒去做，从前已经许多人做过，他们积了无数经验，发现出好些原理原则，这就是专门学识。我打算做这项职业，就应该有这项专门学识。例如我想做农吗？怎样的改良土壤，怎样的改良种子，怎样的防御水旱病虫……等等，都是前人经验有得成为学识的；我们有了这种学识，应用他来处置这些事，自然会不惑，反是则惑了。做工、做商……等等都各各有他的专门学识，也是如此；我想做财政家吗？何种租税可以生出何样结果，何种公债可以生出何样结果……等等，都是前人经验有得成为学识的；我们有了这种学识，应用他来处置这些事，自然会不惑，反是则惑了。教育家、军事家……等等，都各各有他的专门学识，也是如此。我们在高等以上学校所求的智识，就是这一类。但专靠这种常识和学识就够吗？还不能。宇宙和人生是活的不是呆的，我们每日所碰见的事理是复杂的变化的，不是单纯的印板的，倘若我们只是学过这一件，才懂这一件，那么，碰着一件没有学过的事来到跟前，便手忙脚乱了。所以还要养成总体的智慧，才能得有根本的判断力。这种总体的智慧如何才能养成呢？第一件，要把我们向来粗浮的脑筋，着实磨练他，叫他变成细密而且踏实。那么，无论遇着如何繁难的事，我都可以彻头彻尾想清楚他的条理，自然不至于惑了。第二件，要把我们向来昏浊的脑筋，着实将养他，叫他变成清明。那么，一件事理到跟前，我才能很从容很莹澈的去判断他，自然不至于惑了。以上所说常识学识和总体的智慧，都是智育的要件，目的是教人做到“知者不惑”。

怎么样才能不忧呢？为什么仁者便会不忧呢？想明白这

个道理，先要知道中国先哲的人生观是怎么样。“仁”之一字，儒家人生观的全体大用都包在里头。“仁”到底是什么？很难用言语说明，勉强下个解释，可以说是：“普遍人格之实现。”孔子说：“仁者人也。”意思说是人格完成就叫做“仁”。但我们要知道，人格不是单独一个人可以表现的，要从人和人的关系上看出来。所以仁字从二人，郑康成解他做“相人偶”。总而言之，要彼我交感互发，成为一体，然后我的人格才能实现。所以我们若不讲人格主义，那便无话可说；讲到这个主义，当然归宿到普遍人格。换句话说，宇宙即是人生，人生即是宇宙，我的人格，和宇宙无二无别，体验得这个道理，就叫做“仁者”。然则这种仁者为甚么就会不忧呢？大凡忧之所从来，不外两端，一曰忧成败，二曰忧得失。我们得着“仁”的人生观，就不会忧成败。为什么呢？因为我们知道宇宙和人生是永远不会圆满的，所以《易经》六十四卦，始“乾”而终“未济”。正为在这永远不圆满的宇宙中，才永远容得我们创造进化。我们所做的事，不过在宇宙进化几万万里的长途中，往前挪一寸两寸，哪里配说成功呢？然则不做怎么样呢？不做便连这一寸两寸都不往前挪，那可真真失败了。“仁者”看透这种道理，信得过只有不做事才算失败，肯做事便不会失败。所以《易经》说：“君子以自强不息。”换一方面来看，他们又信得过凡事不会成功的，几万万里路挪了一两寸，算成功吗？所以《论语》说：“知其不可而为之。”你想，有这种人生观的人，还有什么成败可忧呢？再者，我们得着“仁”的人生观，便不会忧得失。

为什么呢？因为认定这件东西是我的，才有得失之可言。连人格都不是单独存在，不能明确的画出这一部分是我的，那一部分是人家的，然则哪里有东西可以为我们所得？既已没有东西为我所得，当然也没有东西为我所失。我只是为学问而学问，为劳动而劳动，并不是拿学问劳动等做手段来达某种目的——可以为我们“所得”的。所以老子说：“生而不有，为而不恃。”“既以为人已愈有，既以与人已愈多。”你想，有这种人生观的人，还有什么得失可忧呢？总而言之，有了这种人生观，自然会觉得“天地与我并生，而万物与我为一”，自然会“无人而不自得”。他的生活，纯然是趣味化艺术化。这是最高的情感教育，目的教人做到“仁者不忧”。

怎么样才能不惧呢？有了不惑不忧功夫，惧当然会减少许多了。但这是属于意志方面的事。一个人若是意志力薄弱，便有很丰富的智识，临时也会用不着，便有很优美的情操，临时也会变了卦。然则意志怎么才会坚强呢？头一件须要心地光明。孟子说：“浩然之气，至大至刚。行有不慊于心，则馁矣。”又说：“自反而不缩，虽褐宽博，吾不惴焉；自反而缩，虽千万人吾往矣。”俗话说得好：“生平不作亏心事，夜半敲门也不惊。”一个人要保持勇气，须要从一切行为可以公开做起，这是第一着。第二件要不为劣等欲望之所牵制。《论语》记：“子曰：‘吾未见刚者。’或对曰：‘申枨。’子曰：‘枨也欲，焉得刚。’”一被物质上无聊的嗜欲东拉西扯，那么，百炼钢也会变为绕指柔了。总之一个人的意志，由刚强变为薄弱极易，由薄弱返到刚强极难。一个人有了意志薄弱的毛病，这个人可就完了。自己作不起自己的主，还有什么事可做？受别人压制，做别人奴隶，自己只要肯奋斗，终须能恢复自由。自己的意志做了自己情欲的奴隶，那么，真是万劫沉沦，永无恢复自由的余地，终身畏首畏尾，成了个可怜人了。孔子说："和而不流，强哉矫；中立而不倚，强哉矫。国有道，不变塞焉，强哉矫；国无道，至死不变，强哉矫。"我老实告诉诸君说罢，做人不做到如此，决不会成一个人。但做到如此真是不容易，非时时刻刻做磨练意志的工夫不可，意志磨练得到家，自然是看着自己应做的事，一点不迟疑，扛起来便做，"虽千万人，吾往矣。"这样才算顶天立地做一世人，绝不会有藏头躲尾左支右绌的丑态。这便是意育的目的，要教人做到"勇者不惧"。

我们拿这三件事作做人的标准，请诸君想想，我自己现时做到那一件——那一件稍为有一点把握。倘若连一件都不能做到，连一点把握都没有，嗳哟！那可真危险了，你将来做人恐怕就做不成。讲到学校里的教育吗，第二层的情育，第三层的意育，可以说完全没有，剩下的只有第一层的知育。就算知育罢，又只有所谓常识和学识，至于我所讲的总体智慧靠来养成根本判断力的，却是一点儿也没有。这种"贩卖智识杂货店"的教育，把他前途想下去，真令人不寒而栗！现在这种教育，一时又改革不来，我们可爱的青年，除了他更没有可以受教育的地方。诸君啊！你到底还要做人不要？你要知道危险呀，非你自己抖擞精神想方法自救，没有人能救你呀！

诸君啊！你千万别要以为得些断片的智识，就算是有学问呀。我老实不客气告诉你罢；你如果做成一个人，智识自然是越多越好；你如果做不成一个人，智识却是越多越坏。你不信吗？试想想全国人所唾骂的卖国贼某人某人，是有智识的呀，还是没有智识的呢？试想想全国人所痛恨的官僚政客——专门助军阀作恶，鱼肉良民的人，是有智识的呀，还是没有智识的呢？诸君须知道啊，这些人当十几年前在学校的时代，意气横历，天真烂漫，何尝不和诸君一样？为什么就会堕落到这样田地呀？屈原说的："何昔日之芳草兮，今直为此萧艾也！岂其有他故兮，莫好修之害也。"天下最伤心的事，莫过于看着一群好好的青年，一步一步的往坏路上走。诸君猛醒啊！现在你所厌所恨的人，就是你前车之鉴了。

诸君啊！你现在怀疑吗？沉闷吗？悲哀痛苦吗？觉得外边的压迫你不能抵抗吗？我告诉你：你怀疑和沉闷，便是你因不知才会惑；你悲哀痛苦，便是你因不仁才会忧；你觉得你不能抵抗外界的压迫，便是你因不勇才有惧。这都是你的知、情、意未经过修养磨练，所以还未成个人。我盼望你有痛切的自觉啊！有了自觉，自然会自动。那么，学校之外，当然有许多学问，读一卷经，翻一部史，到处都可以发现诸君的良师呀！

诸君啊，醒醒罢！养足你的根本智慧，体验出你的人格人生观，保护好你的自由意志。你成人不成人，就看这几年哩！